U0138982

❶ 南庄容園谷景觀渡假山莊

❷～❺ 日光青境渡假民宿

❻～⓳ 日初雲來渡假莊園

❷⓪～❷⑦ 新社荷蘭風情民宿

④⑤ ~ ④⑥ 谷關私房雨露　　④⑦ 清境山居民宿

48 清境山林茶舍民宿

48

49～50 清境天星渡假山莊

49

51～63 雲舞樓　清境民宿

48

50

51

52

53

54

55

56

57

58

59

64─72 荔陶苑民宿

73 南庄景舍民宿休閒山莊

74 南庄向天湖咖啡民宿

75 南庄藝欣山莊民宿

民宿經營 與管理

黃韶顏　倪維亞　徐韻淑　著

五南圖書出版公司 印行

序

　　民國91年臺灣加入WTO，農業的生產與銷售是政府機構最關心的。行政院農業委員會未協助農民轉型，委託輔仁大學民生學院來協助訓練想要轉型經營民宿的業者。兩年共訓練出320位學員，在訓練過程中找到很好的師資將民宿經營的概念、經驗實務、理論基礎等，做了很清楚的介紹。

　　事後，到各民宿觀摩學員由做中學，每年學員做經驗分享。民宿老板為全方位的餐旅經營者，他的人格特質並不是每個人都具備的，要具備親切、關懷、分享的特性。

　　臺灣民宿經營最大的問題就是土地不合法。早期民宿建在山坡地，水土保持出了問題、與現行法規衝突，當然面臨被拆遷之命運。消費者由網路看到的民宿外觀與實際民宿有很大差距，也導致民宿經營出現問題。

　　臺灣民宿也和觀光旅遊業崛起，近年來成立太多民宿。未來要經營民宿一定要加入文化特色、有獨立風格、交通要便捷、資訊透明、加入民宿協會、隨時跟著時代潮流有所變化。

　　由於資訊發達，當消費者發現民宿與實際住宿體驗有差距，就會將不好的訊息傳播給其他消費者。可能一夕之間，您經營的民宿將乏人問津。因此，符合法規、誠心誠意經營、好好地接待顧客，才是民宿經營成功的最基礎工作。希望本書能帶給業者與消費者一些資訊。

CONTENTS
目　錄

第一章

緒　論

第一節 民宿的定義

　　由於臺灣目前的旅遊漸漸趨向多元化，民宿發展至今已經成一種重要的住宿選擇了，現代的人也已經把民宿視作為另一種風格的旅館，在政府2001年公布實施《民宿管理辦法》之前，民宿研究學者們對民宿有不同的定義論述，Lanier & Berman（1993）認為民宿是提供4-5間房間，具有歷史性的建築物給住宿者。

　　韓選棠（1993）認為民宿是經營者將原本住宅的一部分空間，以副業方式來經營的住宿型態，其基本性質與普通飯店及旅館不同。潘正華（1994）指出民宿是農民利用其農宅空餘之部分房間出租給旅客暫時居留的行為。姜惠娟（1996）認為民宿是家族經營，客房10間以內，工作人員不超過5人，可容納25人左右的住宿設施。Zane（1997）認為民宿是指私人住宅提供1-7間房間，而且有供應早餐。吳碧玉（2003）認為民宿是一般私人住宅，將其一部分起居室出租給旅遊人口，提供住宿或食宿之住宿設施。但是陳詩惠（2003）認為民宿是利用自宅空間，以副業的方式來提供住宿，主客間有良好的互動交流，並結合周邊的自然與人文資源，讓遊客體驗到當地的風土民情。而林梓聯認為民宿乃是指有效運用資源，提供鄉野住宿及休閒活動之行為（2001）。

　　而交通部觀光局（2001）頒布《民宿管理辦法》之第3條條文，則對民宿做了明確的法律上的定義，即指利用住宅空閒房間，結合當地人文、自然景觀、生態、環境資源及農林漁牧生產活動，以家庭副業方式經營，提供旅客鄉野生活之住宿處所。

　　綜合以上可以知道，民宿的定義經由多年來的論述及研究，已經慢慢有一個比較具體的輪廓出現了，各方學者對民宿定義的主要概念經整理為表1-1。

表1-1　不同學者對民宿的定義

學　者	年　代	概念性定義
Lanier & Berman	1993	提供4-5間房間，具有歷史性的建築物給住宿者。
韓選棠	1993	經營者將原本住宅的一部分空間，以副業方式來經營的住宿型態，其基本性質與普通飯店及旅館不同。
潘正華	1994	農民利用其農宅空餘之部分房間出租予旅客暫時居留的行為。
姜惠娟	1996	民宿通常是指家族經營，客房10間以內，工作人員不超過5人，可容納25人左右的住宿設施。
Zane	1997	民宿是指私人住宅，提供1-7間房間，而且供應早餐。
謝旻成	1998	民宿是指一般私人住宅，將其部分居室更新再出租給旅客作為短期住宿，其經營者為屋主，雖沒有飯店的豪華餐飲及旅館眾多的服務生，卻有房東的熱情招呼及像「家」般的設備與住宿環境，且讓人有機會輕鬆的去體驗當地的風土民情。
Lubetkin	1999	自用住宅提供5-10間房間，提供早餐或是其他餐飲。
Lanier, Caples & Cook	2000	民宿提供3-10間房間，提供早餐不提供酒的服務。
林梓聯	2001	民宿乃是指有效運用資源，提供鄉野住宿及休閒活動之行為。
民宿管理辦法	2001	利用住宅空間房間，結合當地人文、自然景觀、生態、環境資源及農林漁牧生產活動，以家庭副業方式經營，提供旅客鄉野生活之住宿處所。其間數以5間以下為原則，但政府審核認定之特色民宿，房間數最多可達15間。
林秋雄	2001	為促進農村活化，利用農村民宿出租小木屋，農村體驗設施，在農村長期滯待，促進與活用農村的長處。
陳詩惠	2003	民宿可以說是利用自宅空間，以副業的方式來提供住宿，主客間有良好的互動交流，並結合周邊的自然與人文資源，讓遊客體驗到當地的風土民情。

學　者	年　代	概念性定義
呂星璜	2003	有效運用資源，而提供鄉野住宿及休閒活動；所謂資源包含自然環境、景觀、產業和文化，而經營者必須活用這些傳統文化、民俗與環境產業特色，讓旅客自然的接觸、認識與體驗。
吳碧玉	2003	民宿是一般私人住宅，將中其一部分起居室出租給旅遊人口，提供住宿或食宿之住宿設施。而通常具有三種特質：(1)與主人有某一程度上的交流。(2)具有特殊的機會或優勢去認識當地環境或建物特質。(3)特別的活動提供給遊客，給予遊客特殊體驗。
吳乾正	2003	是一種未來性的產業，未來的民宿將會邁向高服務品質，維護當地生態以及營造當地社區力量。走向是以「主業方式」經營的精緻小型旅館業。

　　由表1-1可見民宿是自用房屋的一部分，以家庭副業的方式在經營，主客需有良好的互動，經營者需結合社區文化發展特色，以塑造出「主人特色、在地特色」的住宿經營型態。

　　民宿的定義有下列特質：

一、私人住宅

　　爲自用住宅，分租給旅客短期住宿。

二、房間數受到限制

　　民宿與旅館不同點在於房間數在5間以下，特色民宿房間數最多15間。

三、當地文化指標

　　民宿讓遊客體驗當地生活，了解地方生活特色，認識自然環境與天然資源。

四、多項休閒產業結合

民宿為景觀、藝術、餐飲、休憩多項休閒產業經營結合體。

五、以經營型態來區分

民宿以經營型態可分為兼業民宿、副業民宿及專業民宿，兼業民宿是指民宿業者本身有工作，以自己來經營；副業民宿為民宿業者本身從事農業生產，利用農舍作為民宿副業收入；專業民宿則是業者以經營民宿作為專業收入。

六、以提供餐飲來區分

以提供餐飲方式，可區分為B&B型民宿，一宿兩餐型民宿、自炊型民宿。B&B型民宿只提供早餐，一宿兩餐型民宿是提供早、晚餐，自炊型民宿則提供廚房與設備給遊客自行烹煮，不提供餐點。

第二節　各國民宿的起源與發展

古代交通不發達，出遠門找休息的場所並不容易，只得尋找村莊暫住。早期的民宿並不以營利為目的，單純提供旅客暫時棲身的場所，隨著社會進步，經濟轉型，才將民宿以事業作為經營。

本節介紹不同國家的民宿起源與發展，依序為日本、臺灣、法國、德國、英國、美國、南非、澳洲民宿。

一、日本民宿的緣起與發展

林秋雄（2001）指出日本因為早期的交通不便，聚落分散，遊客在途中無法適時投宿於客棧或旅店中，只好投宿棲身於一般民家。交通部觀光局（2003）指出日本因為海濱活動聖地「伊豆」的旅館無法容納過多的旅客，旅客只好投宿民家，久而久之兩地的居民漸以此為副業，進

而專業化經營起民宿事業。林秋雄（2001）到了1970年左右，日本洋式民宿達到全盛，多達20,000多家，到了1989年，北海道的農場也因為農業收入的不足，必須藉由提供遊客住宿的空間來增加收入，因而有了農場旅舍（Farm Inn）的住宿型態產生。

傳統日本民宿主人與客人同住在一棟建築內，並提供早晚餐，現今民宿主人與客人分住不同建築，不主動供應早晚餐，有廚房讓遊客自行烹煮。日本民宿經營強調主客情感交流，當地人文風情交流，讓客人享受濃郁的人情味。

二、臺灣民宿的緣起與發展

臺灣民宿的起源，大多是為解決觀光地區住宿飯店或是旅館不足的問題才誕生的。目前來說，觀光旅館的價位大多偏高，而一般飯店或是旅館在旺季因為旅客暴增而無法供給足夠的房間，所以遊客僅能轉求宿於附近的民家中，因而產生了民宿型態的住宿模式。而民宿雖然與旅館一樣，都是提供消費者一個住宿的場所，但民宿所具有的特性與帶給消費者的感受是有別於旅館或飯店的。民宿產業通常位於豐富觀光資源的地區，與一般的旅館、度假中心最大的不同之處是，除了提供基本的住宿之外，還給予投宿者感受到濃厚的人情味和家的溫馨感。而臺灣民宿的起源開始於1980年，墾丁國家公園附近，其後擴展至阿里山等觀光地區，亦因具遊憩資源而產生住宿的需求，又因住宿設施不足而產生民宿，故臺灣民宿產生的原因，肇始於觀光地區住宿設施不足（鄭詩華1998）。

到了1989年，當時的臺灣省山胞行政局在全省選定8處山村發展民宿事業，開啟政府協助民宿發展的先端。行政院農委會及臺灣省政府的交通處旅遊事業管理局皆曾對民宿作過調查及研究，但民宿一直未被納入管理，亦無合法之地位。在當時的經營多以違規旅館加以取締，其全面性的規劃則至1991年以後才開始。而後，政府為有效運用資源，促進地方觀光產業發展，由交通部觀光局著手研擬管理法規，《民宿管理辦

法》於2001年12月正式公布實施，至此民宿發展確定法定地位。

　　爾後臺灣各地也陸續的成立了許多民宿的協會，像是臺東民宿協會、臺中縣民宿協會、南投民宿觀光協會、宜蘭縣鄉村民宿發展協會以及臺灣鄉村民宿發展協會等等。這些協會最主要目的是在於結合臺灣各地鄉村民宿經營者，為臺灣民宿的發展而努力，透過彼此交流、學習、成長，打造具特色風格的臺灣民宿，發展以結合保存當地歷史、人文、產業及自然生態之深度旅遊和鄉村度假。經由民宿主人的終身學習，守護鄉里，營造社區，進而追求地區的永續發展。

　　而自從頒布了《民宿輔導管理辦法》後，民宿的申請設置有了明確的規範，至今不到幾年的時間，民宿的家數增加的十分迅速。根據交通部觀光局調查統計表顯示，至2012年6月止，臺灣地區計有2,000餘家的民宿，而已獲核准之家數共有1,704家，如表1-2所示。

表1-2　2012年6月分民宿家數、房間數統計表

縣市別	合法民宿		未合法民宿		小計	
	家數	房間數	家數	房間數	家數	房間數
新北市	135	500	36	246	171	746
臺中市	59	208	8	73	67	281
臺南市	62	261	1	10	63	271
高雄市	53	219	1	3	54	222
宜蘭縣	625	2,381	28	162	653	2,543
桃園縣	22	97	10	41	32	138
新竹縣	50	190	26	92	76	282
苗栗縣	201	709	4	11	205	720
彰化縣	21	79	1	14	22	93
南投縣	482	2,291	101	608	583	2,899
雲林縣	53	230	8	29	61	259
嘉義縣	100	341	54	284	154	625
屏東縣	117	520	69	527	186	1,047

縣市別	合法民宿		未合法民宿		小計	
	家數	房間數	家數	房間數	家數	房間數
臺東縣	411	1,666	1	5	412	1,671
花蓮縣	814	2,899	34	103	848	3,002
澎湖縣	187	830	12	55	199	885
基隆市	1	5	0	0	1	5
金門縣	90	390	0	0	90	390
連江縣	23	104	11	90	34	194
總　　計	3,506	13,920	405	2,353	3,911	16,273

資料來源：交通部觀光局

三、法國民宿的緣起與發展

　　法國地廣人稀，西邊面臨大西洋，北邊有英吉利海峽，東南有地中海，西南有阿爾卑斯山，天然資源豐富，又有吸引人的古蹟與人文景觀。

　　Gites de France標誌是指法國鄉村度假屋（Gites Ruraux）和客房（La chamber d'hotes），至2006年全法國有43,000間鄉鎮度假屋，法國民宿有10,000家。法國第一座鄉村度假屋是在1951年由Emil Aubert參議員在阿爾卑斯山所建立，1952年由Vincent Planqul先生建立法國度假住所正式樣本，1955年發行146間度假屋指南，1974年在巴黎成立綠色旅遊法國度假住所之家，1987年成立3,615法國度假住所，1991年發行客房和令人喜愛的度假處，1996年新的「綠色旅遊法國度假住所」之家在巴黎啓用，1999年有8,000家民宿資料在網站上可查詢。法國鄉村度假屋是位於法國山區、海邊或鄉野，有客廳、餐廳、廚房、衛浴設備，客人接受主人良好的接待。

　　法文「La Chamber d'hotes」與英文「bed and breakfast」是一樣的，就是指客房爲了接待你，已將房子整理好，你將住在安靜舒適的環境裡，即爲法國的民宿（鄔哲宗、劉秋棠，2006）。

民宿經營與管理

四、德國民宿的緣起與發展

　　林豐瑞（2003）指出德國民宿起源於高官借用農家房舍避暑。1950年代農村人口外流，勞動力不足，農宅空屋甚多，因而用於提供觀光客住宿，增加收入。到了1970年代，歐洲共同體統合，並實施共同農業政策，到了1990年歐盟形成，導致農業生產過剩，加速促使各國政府採取活化手段，作為改善結構問題之首要。具體言之，德國民宿之形成與發展背景主要基於1960至1970年間，開始提供在農場度假的服務，以因應農家所得的低落，並為農民尋求不同的所得來源。而且民眾對於休閒遊憩之偏好趨勢推動了度假農場之需求，最重要的是經濟不景氣，一般民眾對廉價的農場度假方式頗為歡迎。

　　現今德國的民宿經營主要以經營度假農場為主，偏向提供遊客較多天數的住宿，希望能引領遊客深入農村生活，通常農家是利用空餘的農舍或房間為民宿之用（嚴如鈺2003）。

五、英國民宿的緣起與發展

　　英國是歐洲最早發展工業的國家，因為工業化的結果，間接影響到農村經濟結構，故甚早將農業與觀光結合。在1960年代期，英國西南部與中部人口較稀疏的農家為了增加收入，開始出現民宿，當時的數量不多，它以Bed & Breakfast（B&B）及家庭招待的經營方式，形成英國最初的民宿。到了1968年時頒布法令，強調地主有義務維持英國農業歷史的遺產，並規定不得加以破壞，因此現今英國農村保留了許多觀光遊憩的步道系統。到了1970年之後，民宿經營的範圍擴大並運用集體行銷的方式，聯合當地的農家組成自治會，共同推動民宿發展。在1983年由民間設立「農場假日協會」，並獲得農業主管團體與英國政府觀光局的支持（林秋雄2001）。

六、美國民宿的緣起與發展

美國的民宿在1980年代開始成長，以加州的鄉村農舍改成的民宿最有名，平均房間數在4間以下，每間有電視機、公共電話及公共客廳等，1982年遍布38洲房間數達1,200間，1993年則成長為50洲房間數達9,500間（Lanier & Berman1993）。美國的民宿其發展十分的迅速且完整，民宿通常在鄉村農莊較為常見，這些民宿房間數目平均都在4間以下，其內部裝潢比較精緻，而民宿通常是由屋主自己經營，一般外地的遊客若想事先得到民宿的資料，可向當地的旅遊服務中心索取與預定房間。此外，美國網路資訊發達，民宿大多會在網路上刊登照片及資訊，並提供網路訂房，遊客可上網尋找合適的民宿。美國民宿發展約晚歐洲40年，主要因陸運交通發達和汽車旅館的便利性、價格低及家庭式服務（簡玲玲2005）。

在大學附近提供留學生寄宿服務（Home Stay），以此方式來訓練留美學生了解美國文化。有些寄宿家庭還提供三餐外加洗衣服的服務，讓遊客有在家的感受。

美國的民宿有品保協會作總監督，在美國各地設有R.S.O（Reservation Service Organization），提供該地區民宿的相關資訊。為吸引旅客前來消費，民宿會在網站刊登資訊，並登錄民宿外觀及內部設施，讓遊客可上網搜尋。

七、南非民宿的緣起與發展

南非具有自然環境景觀與野外動物生態，1994年前為英國殖民地，英國B&B住宿形式帶入南非，南非B&B民宿有寬敞的房間與豪華的設備，主人還會準備具地方色彩的餐食讓客人享用。

南非觀光局制定國家級別鑑定規範，將民宿以5等級作分級評定，作為遊客選擇住宿的參考。由於現今南非治安不佳，南非環保暨觀光部成立觀光安全專門委員會，負責遊客對觀光旅遊安全知識，提醒遊客注意旅遊安全。

八、澳洲民宿的緣起與發展

澳洲風景怡人，有發達的畜牧業，民宿位於觀光農場周圍，讓遊客體驗到農場的生產過程與生活方式。

民宿經營為與農家成員一同居住、生活；另一種與農家分開生活，一般提供2-6個房間。澳洲在機場、車站設有旅遊資訊站，免費提供旅遊相關的折頁、手冊，旅遊資訊上將房間環境、大小、交通、住宿條件明列，讓消費者自行作抉擇。

澳洲農業旅遊公司提供旅遊，安排參觀當地農場體驗活動，如剪羊毛、擠羊奶、餵小羊等活動。

第三節　各國民宿的類別

本節針對了解不同國家的民宿類別，依日本、臺灣、法國、德國、美國民宿來介紹

一、日本民宿的類別

日本民宿主要分為洋式民宿（Pension）和農家民宿（Stay home on farm）兩類，而這兩種民宿最大的不同是在於在經營者身分及民宿所定位的價位不同（林豐瑞2003）：

(一)經營者身分

洋式民宿業者均為民間的，且經營者均是具有一技之長的白領階級轉業投資，並採取全年性專業經營。農家民宿則有公營、農民經營、農協經營、準公營及第三部門（公、民營單位合資）經營等5種形式，有正業專業經營，也有副業兼業經營，但主要賣點則在提供地方特色及體驗項目。

(二)經營特色

民宿經營特色分為合法許可及體驗型，合法許可是指民宿必須通過

安全、衛生、法律認可；體驗型即民宿會設計與當地資源結合，讓遊客參與，如體驗農林漁牧生產活動，參與食品加工、民俗工藝等。

㈢民宿房間

日本民宿分為和式和西洋式，和式為榻榻米的木造房間，西洋式為水泥建築，和式房間大多在傳統日本文化區域，西洋式民宿大多位於溫泉、賞櫻及賞雪區。

二、臺灣民宿的類別

臺灣地區的民宿依經營方式有不同的分類，各學者對於民宿的分類也有不同的看法。

林宜甲（1998）認為早期大規模的民宿地區除了墾丁國家公園外，還有阿里山的豐山一帶、臺北縣瑞芳鎮九份地區、南投縣的鹿谷鄉產茶區、溪頭森林遊樂區、外島的澎湖、宜蘭休閒農業區，乃至於全國各地著名景點，基本上是先由一些熱門的旅遊區域開始，景點內之旅館旅社無法容納短時間內大量湧入的遊客所需求的住宿服務。另一類則是尚未完全開發的遊憩區，因缺乏具規模的觀光旅館或為了定點深度旅遊，已出現遊憩住宿需求，例如早期的嘉義縣瑞里地區、草嶺、石壁地區以及最近之達娜依谷等，也都有此類民宿型態的產生。在此依有無機關輔導類型可分為：休閒農業、原住民山村、無任何機關輔導者等3型，分述如下：

㈠農委會輔導之休閒農業民宿

所謂休閒農業：「為利用農村設備、農業空間、農業生產的場地與產品及農業經營活動、生態、農業自然環境與農村人文資源，經過規畫設計，以發揮農業與農村休閒旅遊的功能，農業與農村之體驗，提昇遊憩品質，並提高農民收益，促進農村發展。」而民宿附設於休閒農場的形式不一，有的只提供小木屋或露營區域。為了能配合農場或農園的特色，在設計住宿時需要作一評估，因此基本設

施如房間的格式通鋪、家庭式、套房等格式的取捨，周邊設施與整個農場的協調或整體配置也是該考慮的。另外，有些休閒農場規模過於龐大，其內部住宿的設備其實遠超過民宿的要求，是否仍能定位在民宿上，是有必要釐清的問題，亦是值得去研究及探討的。而在整理資料時，也發現休閒農業中大致可分為酪農業、果園、茶園等大項。其中酪農業（中部酪農村與兆豐平林農場）與茶園類（如南投鹿谷鄉與阿里山周邊產茶區）提供住宿的意願較高，也較其他類別為多。

（二）省原住民委員會時期輔導之原住民山村民宿

早在臺灣省原住山地行政局時期，就有原住民山村民宿的規劃，經歷多年的發展形成了大約20處的原住民山村民宿，而因行政機關的轉移，現由行政院原住民族事務委員會負責民宿輔導推動業務。

（三）其他未經輔導類型之民宿

除了上述的類型之外，因為沒有機關輔導或有農會介入，所以相對的彈性較大。有的民宿已出現套裝行程的狀態（提供周邊資源如採竹筍、採果、垂釣等農業活動），或以買茶葉或農產品送住宿的型態出現。在行銷民宿也有網頁的出現，例如屏東縣旭海民宿、宜蘭縣庄腳所在、宜蘭縣枕山春海皆有網頁；另一個行銷的手法是和吉普車隊合作，提供一些周邊的資源或開發新遊憩點。目前在臺灣鄉間著名風景區附近已有不少人將空置之房舍改建，於旅遊旺季時充當臨時旅館。

鄭詩華（1998）依照地區及特色將民宿區分為下列7個類型

1. 農園民宿：採集山菜、採水果（桑甚）、採集昆蟲及自然教育等。

2. 海濱民宿：海水浴、海草採集、釣魚、舟遊。

3. 溫泉民宿：砂石溫泉浴、岩石溫泉浴、天然熱力運用等。

4. 運動民宿：滑雪場、滑草場、登山、健行、射箭、柔道、劍道、槌球等。

5. 傳統建築民宿：古代建築遺址、古街道、古民宅、古城、古都等。

6.料理民宿：河川魚料理、自然素材料理、海鮮料理、漬物料理等。

7.西洋農莊民宿：位於鄉村地區，通常周遭有較寬廣之活動場所的民宿。

上述七類主要是參考日本民宿分類而成的，有些特色（如滑雪、劍道）在臺灣見不到，因此若要採用其分類依據則必須稍做修正。

陳墀吉、掌慶琳、談心怡（2001）將民宿的經營型態分成為生活體驗型、遊憩活動型、特殊目的型。

張東友、陳昭郎（2002）則以宜蘭縣員山鄉地區的民宿業者為例，將民宿經營類型分為藝術體驗型、復古經營型、賞景度假型以及農村體驗型4類。

張彩芸（2002）在其論述臺灣的民宿旅遊時，將目前國內的民宿分為原住民部落民宿、農特產品及產區民宿、自然生態體驗民宿、藝術文化民宿及景觀特色民宿共5類。

綜合以上各位學者對於臺灣民宿的類別有許多的不同的看法，現以表1-3來統整各位學者對臺灣民宿類別的主要概念。

表1-3 臺灣民宿的類別

作者	年代	對於民宿的分類
林宜甲	1998	1.農委會輔導之休閒農業民宿 2.省原住民委員會時期輔導之原住民山村民宿 3.其他未經輔導類型之民宿
鄭詩華	1998	1.農園民宿型 2.海濱民宿型 3.溫泉民宿型 4.運動民宿型 5.傳統建築民宿型 6.料理民宿型 7.西洋農莊民宿型
陳墀吉 掌慶琳 談心怡	2001	1.生活體驗型 2.遊憩活動型 3.特殊目的型

作者	年代	對於民宿的分類
張東友 陳昭郎	2002	1. 藝術體驗型 2. 復古經營型 3. 賞景度假型 4. 農村體驗型
張彩芸	2002	1. 原住民部落民宿型 2. 農特產品及產區民宿型 3. 自然生態體驗民宿型 4. 藝術文化民宿型 5. 景觀特色民宿型

綜合以上敘述，本研究將民宿依其經營特色分為景觀民宿（例如九份的老舍民宿）、原住民部落民宿（例如八根安民宿）、農園民宿（例如瑞士農園）、溫泉民宿（例如雅閣溫泉民宿）、傳統建築民宿（例如天堂水民宿）及藝術文化民宿型（例如水田衣民宿）。而民宿發展的特點有以下3種：

㈠遊客與當地居民可產生較多文化與觀念上的人際互動關係。

㈡可以有效利用觀光發展地區多餘人力及物力並增加地方上之收入。

㈢提供新的旅遊經驗，有別於大眾型旅遊投宿觀光旅館之經營型態。

三、法國民宿等級

在法國度假住所中的民宿，也遵守上述國家公布的契據，並接受經常性的視察和分級。不同的等級是依據房屋建築和環境的品質、舒適的程度和提供的服務。同樣的，以麥穗分4級，不管是選擇哪一等級的民宿，屋主絕對盡全力讓客人愉快的度過居留的期間。

表1-4　法國民宿等級

1枝麥穗	簡單的客房。
2枝麥穗	舒適的房間，每間房至少有自用的淋浴室或浴室。
3枝麥穗	非常舒適的房間，每間有獨自使用全套衛浴設備（淋浴、浴缸、洗臉臺和廁所）。
4枝麥穗	極盡舒適的房間，每間都有單獨使用的全套衛浴設備，房子是在優美的環境，建築物與內部裝飾都具有特色，通常提供額外的服務。

資料來源：鄒哲宗、劉秋棠（2006）

四、德國民宿的類別

　　德國的民宿有4大類型，分別是單房式民宿、套房式民宿、公寓式民宿以及別墅式民宿。每一種民宿的類型如下（劉清雄2002）：

(一)單房式民宿：類似一般旅館住宿空間，僅有臥室一間及衛浴、電視等設備，一晚的住宿費用約為30馬克。

(二)套房式民宿：含有客廳、餐廳、廚房與衛浴，其客廳亦兼作臥室使用，面積一般約在15坪左右，一晚的住宿費用約為45馬克／人。

(三)公寓式民宿：這類民宿大多由古老的大穀倉或是農莊改建而成，每個樓層有幾戶家庭式民宿，室內設備幾乎與一般家庭沒兩樣。這類集合式民宿多附設有餐廳供應鄉村式飲食，也對外開放營業。這類民宿一間價格每晚約在60馬克／人。

(四)別墅式民宿：即將整棟花園別墅出租，包括庭院中的休閒設施如游泳池、鞦韆、沙坑等。這類民宿房間數目多，加上庭院寬敞，多出租給人數眾多的家庭，依據住房大小以及庭院設施的多寡來收費，約為70馬克／人。

五、美國民宿的類別

　　Lanier& Berman（1993）指出美國與民宿有關行業有寄宿家庭（homestay）、民宿（Bed and breakfasts）、民宿旅店（Bed and breakfast inn or lodge）、鄉村旅店（Country inn）

(一)寄宿家庭：將家中多餘的房間租給有需要的遊客來貼補收入，僅提供早餐，房間數在1-4間左右，大部分的客人都是透過訂房中心或口耳相傳而來投宿的。

(二)民宿：將住家與出租的房間劃分開，認為住宿的遊客與家人同等重要，該份收入並非經營者的主要收入，除提供早餐之外，有些在能力許可內會提供其他餐別，房間數在5-10間左右。

(三)民宿旅店：為短暫居留的遊客提供住宿的地方，具有商業經營許可證且為經營者提供主要收入來源，房間數大約在11-25間左右，除提供早餐之外，有些在能力許可內會提供其他餐別。

(四)鄉村旅店：類似民宿旅店，但擁有超過20間以上的房間數，如同一般旅館一樣提供三餐。

第四節　民宿管理辦法

　　由民國90年12月由交通部觀光局公布《民宿管理辦法》，共四章三十八條，其辦法如下：

第一章　總則

第一條　本辦法《依發展觀光條例》第25條第3項規定訂定之。

第二條　民宿之管理，依本辦法之規定；本辦法未規定者，適用其他有關法令之規定。

第三條　本辦法所稱民宿，指利用自用住宅空閒房間，結合當地人文、自然景觀、生態、環境資源及農林漁牧生產活動，以家庭副業方式經營，提供旅客鄉野生活之住宿處所。

第四條　民宿之主管機關，在中央為交通部，在直轄市為直轄市政府，在縣（市）為縣（市）政府。

第二章　民宿之設立申請、發照及變更登記

第五條　民宿之設置，以下列地區為限，並需符合相關土地使用管制法令之規定：

一、風景特定區。

二、觀光地區。

三、國家公園區。

四、原住民地區。

五、偏遠地區。

六、離島地區。

七、經農業主管機關核發經營許可登記證之休閒農場或經農業主管機關劃定之休閒農業區。

八、金門特定區計畫自然村。

九、非都市土地。

第六條　民宿之經營規模，以客房數5間以下，且客房總樓地板面積150平方公尺以下為原則。但位於原住民保留地、經農業主管機關核發經營許可登記證之休閒農場、經農業主管機關劃定之休閒農業區、觀光地區、偏遠地區及離島地區之特色民宿，得以客房數15間以下，且客房總樓地板面積200平方公尺以下之規模經營之。前項偏遠地區及特色項目，由當地主管機關認定，報請中央主管機關備查後實施。並得視實際需要予以調整。

第七條　民宿建築物之設施應符合下列規定：

一、內部牆面及天花板之裝修材料、分間牆之構造、走廊構造及淨寬應分別符合舊有建築物防火避難設施及消防設備改善辦法第9條、第10條及第12條規定。

二、地面層以上每層之居室樓地板面積超過200平方公尺或地下層面積超過200平方公尺者，其樓梯及平臺淨寬為1.2公尺以上；該樓層之樓地板面積超過240平方公尺者，應自

各該層設置2座以上之直通樓梯。未符合上開規定者，依前款改善辦法第13條規定辦理。前條第1項但書規定地區之民宿，其建築物設施基準不適用前項之規定。

第八條　民宿之消防安全設備應符合下列規定：

一、每間客房及樓梯間、走廊應裝置緊急照明設備。

二、設置火警自動警報設備，或於每間客房內設置住宅用火災警報器。

三、配置滅火器2具以上，分別固定放置於取用方便之明顯處所；有樓層建築物者，每層應至少配置1具以上。

第九條　民宿之經營設備應符合下列規定：

一、客房及浴室應具良好通風、有直接採光或有充足光線。

二、需供應冷、熱水及清潔用品，且熱水器具設備應放置於室外。

三、經常維護場所環境清潔及衛生，避免蚊、蠅、蟑螂、老鼠及其他妨害衛生之病媒及孳生源。

四、飲用水水質應符合飲用水水質標準。

第十條　民宿之申請登記應符合下列規定：

一、建築物使用用途以住宅為限。但第6條第1項但書規定地區，並得以農舍供作民宿使用。

二、由建築物實際使用人自行經營。但離島地區經當地政府委託經營之民宿不在此限。

三、不得設於集合住宅。

四、不得設於地下樓層。

第十一條　有下列情形之一者不得經營民宿：

一、無行為能力人或限制行為能力人。

二、曾犯組織犯罪防制條例、毒品危害防制條例或槍砲彈藥刀械管制條例規定之罪，經有罪判決確定者。

三、經依檢肅流氓條例裁處感訓處分確定者。

四、曾犯兒童及少年性交易防制條例第22條至第31條、刑法第16章妨害性自主罪、第231條至第235條、第240條至第243條或第298條之罪，經有罪判決確定者。

五、曾經判處有期徒刑5年以上之刑確定，經執行完畢或赦免後未滿5年者。

第十二條　民宿之名稱，不得使用與同一直轄市、縣（市）內其他民宿相同之名稱。

第十三條　經營民宿者，應先檢附下列文件，向當地主管機關申請登記，並繳交證照費，領取民宿登記證及專用標識後，始得開始經營。

一、申請書。

二、土地使用分區證明文件影本（申請之土地為都市土地時檢附）。

三、最近三個月內核發之地籍圖謄本及土地登記（簿）謄本。

四、土地同意使用之證明文件（申請人為土地所有權人時免附）。

五、建物登記（簿）謄本或其他房屋權利證明文件。

六、建築物使用執照影本或實施建築管理前合法房屋證明文件。

七、責任保險契約影本。

八、民宿外觀、內部、客房、浴室及其他相關經營設施照片。

九、其他經當地主管機關指定之文件。

第十四條　民宿登記證應記載下列事項：

一、民宿名稱。

二、民宿地址。

三、經營者姓名。

四、核准登記日期、文號及登記證編號。

五、其他經主管機關指定事項。

民宿登記證之格式，由中央主管機關規定，當地主管機關自行印製。

第十五條　當地主管機關審查申請民宿登記案件，得邀集衛生、消防、建管等相關權責單位實地勘查。

第十六條　申請民宿登記案件，有應補正事項，由當地主管機關以書面通知申請人限期補正。

第十七條　申請民宿登記案件，有下列情形之一者，由當地主管機關敘明理由，以書面駁回其申請：

一、經通知限期補正，逾期仍未辦理。

二、不符發展觀光條例或本辦法相關規定。

三、經其他權責單位審查不符相關法令規定。

第十八條　民宿登記證登記事項變更者，經營者應於事實發生後15日內，備具申請書及相關文件，向當地主管機關辦理變更登記。當地主管機關應將民宿設立及變更登記資料，於次月10日前，向交通部觀光局陳報。

第十九條　民宿經營者，暫停經營1個月以上者，應於15日內備具申請書，並詳述理由，報請該管主管機關備查。前項申請暫停經營期間，最長不得超過1年，其有正當理由者，得申請展延一次，期間以1年為限，並應於期間屆滿前15日內提出。暫停經營期限屆滿後，應於15日內向該管主管機關申報復業。未依第一項規定報請備查或前項規定申報復業，達6個月以上者，主管機關得廢止其登記證。

第二十條　民宿登記證遺失或毀損，經營者應於事實發生後15日內，備具申請書及相關文件，向當地主管機關申請補發或換發。

第三章　民宿之管理監督

第二十一條　民宿經營者應投保責任保險之範圍及最低金額如下：

　　　　　　一、每一個人身體傷亡：新臺幣200萬元。

　　　　　　二、每一事故身體傷亡：新臺幣1,000萬元。

　　　　　　三、每一事故財產損失：新臺幣200萬元。

　　　　　　四、保險期間總保險金額：新臺幣2,400萬元。前項

　　　　　　保險範圍及最低金額，地方自治法規如有對消費者保護較

　　　　　　有利之規定者，從其規定。

第二十二條　民宿客房之定價由經營者自行訂定，並報請當地主管機關
　　　　　　備查，變更時亦同。民宿之實際收費不得高於前項之定
　　　　　　價。

第二十三條　民宿經營者應將房間價格、旅客住宿須知及緊急避難逃生
　　　　　　位置圖，置於客房明顯光亮之處。

第二十四條　民宿經營者應將民宿登記證置於門廳明顯易見處，並將專
　　　　　　用標識置於建築物外部明顯易見之處。

第二十五條　民宿經營者應備置旅客資料登記簿，將每日住宿旅客資料
　　　　　　依式登記備查，並傳送該管派出所。

　　　　　　前項旅客登記簿保存期限為1年。第一項旅客登記簿格
　　　　　　式，由主管機關規定，民宿經營者自行印製。

第二十六條　民宿經營者發現旅客罹患疾病或意外傷害情況緊急時，應
　　　　　　即協助就醫；發現旅客疑似感染傳染病時，並應即通知衛
　　　　　　生醫療機構處理。

第二十七條　民宿經營者不得有下列之行為：

　　　　　　一、以叫嚷、糾纏旅客或以其他不當方式招攬住宿。

　　　　　　二、強行向旅客推銷物品。

　　　　　　三、任意哄抬收費或以其他方式巧取利益。

　　　　　　四、設置妨害旅客隱私之設備或從事影響旅客安寧之任何

行為。

　　　　　五、擅自擴大經營規模。

第二十八條　民宿經營者應遵守下列事項：

　　　　　一、確保飲食衛生安全。

　　　　　二、維護民宿場所與四周環境整潔及安寧。

　　　　　三、供旅客使用之寢具，應於每位客人使用後換洗，並保
　　　　　　　持清潔。

　　　　　四、辦理鄉土文化認識活動時，應注重自然生態保護、環
　　　　　　　境清潔、安寧及公共安全。

第二十九條　民宿經營者發現旅客有下列情形之一者，應即報請該管派
　　　　　出所處理。

　　　　　一、有危害國家安全之嫌疑者。

　　　　　二、攜帶槍械、危險物品或其他違禁物品者。

　　　　　三、施用煙毒或其他麻醉藥品者。

　　　　　四、有自殺跡象或死亡者。

　　　　　五、有喧嘩、聚賭或為其他妨害公眾安寧、公共秩序及善
　　　　　　　良風俗之行為，不聽勸止者。

　　　　　六、未攜帶身分證明文件或拒絕住宿登記而強行住宿者。

　　　　　七、有公共危險之虞或其他犯罪嫌疑者。

第三十條　　民宿經營者，應於每年1月及7月底前，將前半年每月客房住
　　　　　用率、住宿人數、經營收入統計等資料，依式陳報當地主管
　　　　　機關。

　　　　　前項資料，當地主管機關應於次月底前，陳報交通部觀光
　　　　　局。

第三十一條　民宿經營者，應參加主管機關舉辦或委託有關機關、團體
　　　　　辦理之輔導訓練。

第三十二條　民宿經營者有下列情事之一者，主管機關或相關目的事業
　　　　　主管機關得予以獎勵或表揚。

一、維護國家榮譽或社會治安有特殊貢獻者。

二、參加國際推廣活動，增進國際友誼有優異表現者。

三、推動觀光產業有卓越表現者。

四、提高服務品質有卓越成效者。

五、接待旅客服務周全獲有好評，或有優良事蹟者。

六、對區域性文化、生活及觀光產業之推廣有特殊貢獻者。

七、其他有足以表揚之事蹟者。

第三十三條　主管機關得派員，攜帶身分證明文件，進入民宿場所進行訪查。

前項訪查，得於對民宿定期或不定期檢查時實施。

民宿經營者對於主管機關之訪查應積極配合，並提供必要之協助。

第三十四條　中央主管機關為加強民宿之管理輔導績效，得對直轄市、縣（市）主管機關實施定期或不定期督導考核。

第三十五條　民宿經營者違反本辦法規定者，由當地主管機關依《發展觀光條例》之規定處罰。

第四章　附則

第三十六條　民宿經營者申請設立登記之證照費，每件新臺幣1,000元；其申請換發或補發登記證之證照費，每件新臺幣500元。

因行政區域調整或門牌改編之地址變更而申請換發登記證者，免繳證照費。

第三十七條　本辦法所列書表、格式，由中央主管機關定之。

第三十八條　本辦法自發布日施行。

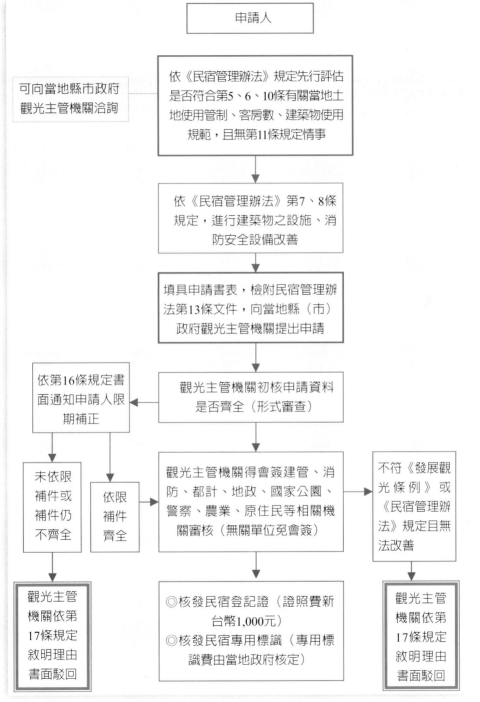

申請人

依《民宿管理辦法》規定先行評估是否符合第5、6、10條有關當地土地使用管制、客房數、建築物使用規範，且無第11條規定情事

可向當地縣市政府觀光主管機關洽詢

依《民宿管理辦法》第7、8條規定，進行建築物之設施、消防安全設備改善

填具申請書表，檢附民宿管理辦法第13條文件，向當地縣（市）政府觀光主管機關提出申請

依第16條規定書面通知申請人限期補正

觀光主管機關初核申請資料是否齊全（形式審查）

未依限補件或補件仍不齊全

依限補件齊全

觀光主管機關得會簽建管、消防、都計、地政、國家公園、警察、農業、原住民等相關機關審核（無關單位免會簽）

不符《發展觀光條例》或《民宿管理辦法》規定且無法改善

觀光主管機關依第17條規定敘明理由書面駁回

◎核發民宿登記證（證照費新台幣1,000元）
◎核發民宿專用標識（專用標識費由當地政府核定）

觀光主管機關依第17條規定敘明理由書面駁回

圖1-1　民宿登記流程參考圖

一、受文者：政府（觀光主管機關）

二、主　旨：謹依《發展觀光條例》暨《民宿管理辦法》規定，向　貴府申請民宿登記，茲檢附相關資料如下，敬請　惠予核准。

三、申請人：

姓名：＿＿＿＿＿＿　性別：□男　□女　　生日：□□年□□月□□日

身分證統一編號：□□□□□□□□□□　現職：

電話：住家＿＿＿＿＿＿　辦公室＿＿＿＿＿＿　行動電話：

郵遞區號：□□□

地址：｜縣｜鄉市｜村｜鄰｜路｜段｜巷｜弄｜號
　　　｜市｜鎮｜里｜　｜街｜　｜　｜　｜

四、民宿基本資料：【如附表】

五、檢附文件：【依《民宿管理辦法》第13條規定應提出之文件】

1 □土地使用分區證明文件影本（申請之土地為都市土地時檢附，正本繳驗後發還）

2 □最近3個月內核發之地籍圖謄本　或　□土地登記（簿）謄本

3 □土地同意使用之證明文件（申請人為土地所有權人時免附）

4 □建物登記（簿）謄本　或　□其他房屋權利證明文件

5 □建築物使用執照影本　或　□實施建築管理前合法房屋證明文件

6 □責任保險契約影本（正本繳驗後發還）

7 □民宿外觀□內部□客房□浴室及□其他相關經營設施照片（以A4紙張黏貼加註說明）

8 □其他經當地主管機關指定之文件（參考備註）＿＿＿＿＿＿＿＿＿＿＿＿＿＿＿＿＿

＿＿＿＿＿＿＿＿＿＿＿＿＿＿＿＿＿＿＿＿＿＿＿＿＿＿＿＿＿＿＿＿＿＿＿＿＿＿＿

＿＿＿＿＿＿＿＿＿＿＿＿＿＿＿＿＿＿＿＿＿＿＿＿＿＿＿＿＿＿＿＿＿＿＿＿＿＿＿

申請人：＿＿＿＿＿＿＿　簽章（檢附身分證件影本，正本繳驗後發還）

代理人：＿＿＿＿＿＿＿　簽章（檢附委託書）

聯絡電話：＿＿＿＿＿＿＿＿＿＿＿

申請日期：＿＿＿＿＿＿年＿＿＿＿＿＿月＿＿＿＿＿＿日

備註：

位於實施都市計畫範圍內（都市土地）之民宿，需提出係位於風景特定區、觀光地區、原住民地區、偏遠地區、離島地區、經農業主管機關核發經營許可登記證之休閒農場、經農業主管機關劃定之休閒農業區、金門特定區計畫自然村之說明資料或證明文件。

以農舍供作民宿使用者，需提出係位於原住民保留地、經農業主管機關核發經營許可登記證之休閒農場、經農業主管機關劃定之休閒農業區、觀光地區、偏遠地區或離島地區之說明資料或證明文件。

客房數6-15間之民宿，經營者除備註（2）資料外，並需提出符合當地縣（市）政府認定特色民宿之說明資料或證明文件。

縣（市）政府得視實際需要要求檢附客房平面圖。

表：民宿基本資料表

<table>
<tr><td rowspan="5">登記情形</td><td colspan="2">民宿登記證編號_____ 專用標識編號_____ □國民旅遊卡特約商店</td></tr>
<tr><td colspan="2">統一編號_____</td></tr>
<tr><td colspan="2">民宿登記證核准日期_____ 核准文號_____</td></tr>
<tr><td colspan="2">未核准原因_____（上</td></tr>
<tr><td colspan="2">列各項資料由審核機關填寫）</td></tr>
</table>

<table>
<tr><td colspan="2">民宿名稱：</td><td colspan="2">英文名稱：</td></tr>
<tr><td>電話：</td><td>傳真：</td><td colspan="2">網址：</td></tr>
<tr><td>手機：</td><td colspan="3">E-mail：</td></tr>
<tr><td>經營者姓名：</td><td colspan="2">身分證字號：□□□□□□□□□□</td><td>性別：□男 □女</td></tr>
<tr><td>生日：□□年□□月□□日</td><td>教育程度：</td><td>現職：</td><td>原住民：□是 □否</td></tr>
<tr><td colspan="4">民宿地址：□□□□□ 縣 鄉市 村 鄰 路 段 巷 弄 號
市 鄉鎮 里 街</td></tr>
<tr><td colspan="4">英文地址：</td></tr>
<tr><td colspan="2">所屬警察機關： 分局 分駐（派出）所</td><td colspan="2">用水來源：</td></tr>
</table>

<table>
<tr><td rowspan="3">區位</td><td colspan="3">□ 非都市土地 □_____之都市土地 使用分區：_____</td></tr>
<tr><td colspan="3">建物用途：□住宅 □農舍 □其他：_____ 外觀型式：_____</td></tr>
<tr><td colspan="3">用地類別：□甲種建地 □乙種建地 □丙種建地 □農牧用地 □機關用地 □原住民保留地 □其他</td></tr>
<tr><td rowspan="2">區域</td><td colspan="3">觀光地區 □風景特定區 □國家公園區 □原住民地區 □偏遠地區 □離島地區</td></tr>
<tr><td colspan="3">休閒農場 □休閒農業區 □其他_____</td></tr>
<tr><td colspan="4">總樓層：共___層 總房間數：共___間 啓用日期：民國___年___月 最近裝修日期：民國___年___月</td></tr>
</table>

<table>
<tr><td rowspan="10">經營客房資料</td><td colspan="3">登記客房合計_____間 總容納人數：_____人 客房總樓地板面積：_____平方公尺</td></tr>
<tr><td colspan="3">位處樓層、面積、房型及房價：（附圖，客房6-15間者詳申請書備註三） 房價：最低___元到最高___元</td></tr>
<tr><td colspan="3">第___層___號客房，___m²，___人房（□床、□通舖），平日_____元，假日_____元，□有衛浴</td></tr>
<tr><td colspan="3">第___層___號客房，___m²，___人房（□床、□通舖），平日_____元，假日_____元，□有衛浴</td></tr>
<tr><td colspan="3">第___層___號客房，___m²，___人房（□床、□通舖），平日_____元，假日_____元，□有衛浴</td></tr>
<tr><td colspan="3">第___層___號客房，___m²，___人房（□床、□通舖），平日_____元，假日_____元，□有衛浴</td></tr>
<tr><td colspan="3">第___層___號客房，___m²，___人房（□床、□通舖），平日_____元，假日_____元，□有衛浴</td></tr>
<tr><td colspan="3">第___層___號客房，___m²，___人房（□床、□通舖），平日_____元，假日_____元，□有衛浴</td></tr>
<tr><td colspan="3">經營特色：□鄉村體驗 □生態景觀 □地方文史 □農林漁業 □原住民特色 □其他_____</td></tr>
</table>

<table>
<tr><td>公共意外責任險：□無 □有 投保總金額_____萬元（最低2400萬）保單日期：_____至_____止</td></tr>
<tr><td>建築物公共安全申報： □未申報 □已申報 申報日期：_____ □申報中</td></tr>
<tr><td>消防安全設備檢修申報：□未申報 □已申報 申報日期：_____ □申報中</td></tr>
<tr><td>備註：</td></tr>
</table>

臺灣民宿的申請需向當地縣市政府觀光局洽詢，它的地目必須在法令規定的風景特定區、觀光地區、國家公園區、原住民地區、偏遠地區、離島地區、經政府核准的休閒農場或休閒農業區、金門特定區計畫自然村或非都市地區。

民宿的經營以客房數5間以下，且客房樓地板面積在150平方公尺以下為原則。在原住民保留地，經農業主管機關核發經營許可證之休閒農場、觀光地區、偏遠地區之民宿得以客房15間以下，客房維護樓地板面積在200平方公尺以下經營之。

民宿應符合消防規定，如牆面及天花板裝修的材料應有防火材料，客房、樓梯間及走廊應裝緊急照明設備，每間客房設置住宅火災警報器裝置滅火器2具以上，分別放於取用方便及明顯之處。

樓梯寬度在每間起居室樓地板面積超過200平方公尺或地下層面積超過200平方公尺者，樓梯及平臺寬為1.2公尺以上。

因此當民宿申請時，觀光主管機關主辦人會同建管消防、都市計畫、地政、國家公園、警察、農業、原住民等相關機關審查。

延伸思考

1. 臺灣不合法民宿在於地目不符、建築設施與消防不合法，因此申請民宿時應符合民宿法規。
2. 民宿的申請需向當地縣市政府觀光主管機關，主管機關則會同衛生、消防、建管相關單位實地勘查。

第二章

民宿申請

第一節　民宿設置前評估

　　臺灣民宿目前允許設置的地點為風景特定區、國家公國區、原住民地區、經農業主管機關許可設置並發經營許可證之休閒農場中之農舍、金門特定計畫自然村、非都市地區，在設置前應作下列評估。

一、社會現況

(一)人口數與人口結構

　　當想經營民宿時一定得調查臺灣地區人口數及人口結構，如目標市場在剛結婚有1至2位小孩的人口，應了解此背景的人口數有多少。

(二)家庭組成

　　即家庭生活週期，在不同家庭生活週期的人口數多寡應能有所掌握。

(三)公共設施

　　要利用來建民宿的地區其公共建設為何相當重要，如道路是否已建置、山坡地的水土保持是否完善、路燈是否建置好，自來水是否已安置完善。

二、經濟因素

(一)國民的收支：國民的收支會影響他是否能有額外的經費至民宿消費。

(二)就業情況：國民的就業情況好壞，當失業率低時就會有額外的錢作旅遊消費。

(三)交通情況：交通接駁便捷，也會使至民宿消費者人口增加。

(四)社經階層：社經階層是依人口的收入、教育程度、職業各分為5級，經加權後可分為高社經。中社經與低社經，一般至民宿消費族群如設定在中社經背景，應了解此階層的人口數分布情況。

三、個別因素

(一)土地坐落位置、面積、地勢、地質

臺灣有很多漂亮的民宿，景觀也很美，但位居山頂常因不合法經營，有的在原住民地區地勢陡、地質鬆，建成民宿，水土保持不佳時，很容易釀成災害，如盧山地區經颱風造成危險房舍，人財兩失。

(二)土地的形狀：整個土地的形狀，民宿的長度及寬度均會影響景觀。

(三)通風、採光：氣候會影響濕度、通風，採光也影響感官。

(四)水電供給情形：自來水與電力的提供是生活必須的，不能利用抽取地下水來運用。

(五)建築物的結構與材質：建築物的結構與材質影響甚大，臺灣現有民宿各種造型均有，有式、美式、日式、傳統造型；材質有大理石、磚頭、原木，各具風格。

(六)社區文化

民宿主人一定要考量住宿的消費者除了來住民宿之外，尚要至其他地方旅遊，社區若能塑造整體一致的文化特質，對民宿的經營一定是加分的。因此社區有一些指標是相當重要的，包括型態、機能、政經、文化、交通、生活、融洽、環境、安全、形象等。

第二節　民宿投資計畫

投資經營民宿是一項重大的決策，因為與旅館業不同的是家人一定要有共識，要能接納外來客，如果家人有人不能很欣然的接受外人，當有消費者一進入民宿被當成小偷一般防範著，民宿就無法經營。民宿投資計畫之基本程序如下：

一、民宿基本資料之建置

(一)民宿市場的資訊

建置臺灣地區民宿的資訊如民宿類型、種類、家數、區域、特色、營業狀況。

(二)調查競爭民宿業者投資情況與成效

(三)開設民宿的地理位置

如交通、社區文化、是否有相關旅遊景觀或地區文化可作接駁。

二、地區商圈之研判

(一)收集地區內商圈分析圖

利用地圖作商圈分析，在5公里範圍內進行民宿調查，不宜與他人作相同性質的經營。

(二)擬訂經營理念與營業方針

經營理念相當重要，如經營理念是純粹只給消費者休息過夜，其娛樂設施就不必太多；如除了休息之外尚要用餐時，廚房、餐飲的設備就需加強。

三、民宿評估作業

(一)對民宿法規的了解

對於民宿法規需了解，由於各國對民宿的法規不同，需依臺灣民宿設立的法規來擬訂。

(二)民宿設置區域

在《民宿管理辦法》第5條已訂定了風景特定區、觀光地區、國家公園區、原住民地區、偏遠地區、離島地區、核發許可的休閒農場、金門地區計畫自然村及非都市土地。風景特定區是指依《發展觀光條例》及《風景特定區管理規則》規定劃定的風景或名勝區，目前臺灣有11個國家級風景特定區及45處直轄市級及縣市級風景特

定區、觀光地區係由縣市政府協商確定轄區的觀光地區，由交通部邀請學者專家及相關機關實地會勘公告。原住民地區經91年核定原住民地區包括30個山地鄉及25個平地鄉，共計55個鄉，當一個城市旅館林立，在市區內很難申請設立民宿，若市郊有核可的休閒農場則可依法設立。

臺灣省都市計畫地區、住宅區、商業區、風景區、農業區及保護區，得依《民宿管理辦法》規定提出申請。非都市土地甲種、乙種、丙種建築用地上合法住宅建築物及農牧用地、林業用地、養殖用地、鹽業用地之農舍，得依《民宿管理辦法》規定，申請作民宿使用。

(三)民宿規模

民宿房間間數以5間以下，且客房總樓地板面積150平方公尺以下為原則，但位於原住民保留地、經農業主管機關核發經營許可登記證之休閒農場、經農業主管機關劃定的休閒農業區、觀光地區、偏遠地區、離島地區、房間數最多可達15間，客房總樓地板面積在200平方公尺以下。

(四)民宿建築

民宿客房不得在地下室。民宿走廊寬度不得小於75公分，內部牆面及天花板應使用不燃材料、耐火板或耐燃材料，地面上每層居室樓地板面積超過200平方公尺或地下層面積超過200平方公尺者，其樓梯及平臺淨寬為120公分以上，該樓層之樓地板面積超過240平方公尺者，應自各該層設置2座以上的直通樓梯。

(五)民宿的消防設備

民宿的消防設備，每間客房及樓梯間、走廊應裝置緊急照明設備，設置火警自動警報設備，每間客房內設置住宅用火災警報器，配置滅火器2具以上，分別放置於取用方便明顯之處，有樓層建築每層至少配置1具以上。民宿之規模如果超越《民宿管理辦法》第6條規定具旅館使用性質時，則依旅館消防安全設備設置標準。

(六)民宿水質

民宿水質應符合飲用水水質標準，須供應冷熱水及清潔用品，熱水器應放於室外。維持環境衛生避免蚊、蠅、蟑螂、老鼠及其他妨害衛生之病媒及孳生源。

(七)民宿課稅標準

依行政院88年所公告的標準，符合客房5間以下之民宿未僱用員工，自行經營，將民宿視爲家庭副業免辦營業登記，免徵營業稅，依住宅用房屋稅課徵房屋稅，按一般用地稅率課徵地價稅及所得課徵綜合所得稅。若非自用屋或僱用員工，依現行稅法課徵營業稅。

(八)民宿投保責任險

民宿經營者應投保責任保險之範圍及最低金額。每一個人身體傷亡，新臺幣200萬元；每一事故身體傷亡，新臺幣1,000萬元；每一事故財產損失，新臺幣200萬元；保險期間總新臺幣2,400萬元。

(九)損益平衡分析

由上可知經營合法的民宿並非容易之事，設置區域、建築材質、消防設備、稅制、保險均需要經費。想要經營民宿者應預作營業額、投資成本、開辦費用、雜支等損益平衡之分析。

第三節　民宿與社區文化

社區是指依據共享經驗所組成的團體和社會，對於共同目標採取合作和協調的行爲，人與人之間有親密的關係，彼此相互需要，人們的行爲準繩來自全體的同意，社區的成員有共同的命運。

社區總體營造是指社區內的居民自發性的從事自己社區內的經營，以凝聚社區意識，進而改善生活品質。

社區是大家共同活動的區域，文化的發展是由社區所做起的。社區營造是在營造一個新社會，營造一個新文化。當旅客住進民宿前，如果民宿坐落在自然資源很豐富的地方，社區的環境優美，只要環境乾淨就

可享受到自然的寧靜。如果民宿坐落在一社群中，就希望該社群的文化建置很有水平，使民宿以創意爲核心奠基於地方上的特殊文化脈絡，透過對地方文化與環境資源的尋求，建立具地方經驗之民宿，來開展地方經濟，塑造民宿的特性。

消費者住進民宿，業者可建議消費者旅遊的區塊，如果附近的社群總體營造已很成功，民宿與社區結合成果，可達到互利，臺灣南庄有很多民宿，社群客家文化已建置很不錯，因此旅遊參訪客家文化，並品嘗客家美食便成爲很具體的旅遊規劃。

原住民社區有原住民的生活特色，原住民的伴手禮，住於原住民生活區域享受大自然的生活，使民宿外的社群有良好的經濟交流，提昇社區生活水平。

南投地區社區作好分工，遊客不僅可享受民宿的住宿，亦由享受社區中陶藝紅茶、碳文化、田媽媽烹調，使住宿者有多元的享樂，社區共同經營。

第四節　塑造創新產業的民宿

21世紀是劇變的時代，資訊科技迅速發展，社會多元化的腳步亦越來越快，人們正面臨第三次產業革命，以腦力來決勝負的知識經濟時代。

創新可視爲一系列知識生產、知識利用及知識擴散的歷程，創造能力爲創新的動力，創造力與創新爲一體兩面，相輔相成。創意的產生有賴於創造力智能的發揮，創意的績效取決於創新成果的展現，當前的環境應孕育蓬勃有創意的生態文化。

社會層面以豐碩的知識爲基礎，累積社會知識，不斷將創意延續與擴散。在產業層面應透過知識，提高產業附加價值。在文化層面需活絡創意氣氛，增進創新體驗，讓創意和生活零距離，開創多元生活風貌，提昇人們生活品質，塑造創新文化生態。

臺灣合法民宿已有2,000多間，若要經營得宜需有創造力的文化與環境，現由下面之敘述來建設有創意之民宿：

一、設立民宿的宗旨目標

每一個民宿主人設置民宿的宗旨目標會有差異，有的只有簡單的想法只為自己的生活能有收入，將家中多餘的房間分租給旅客；有的可能想將自己旅遊的經驗實踐，如有的業者到不同的國家居住於民宿中有很美的回憶，想實踐當民宿主人的夢想，將不同風格的民宿帶入國內；有的民宿主人有回憶童年的想法，想將古代的生活分享給現代人，如設置四合院或將祖先留下的古厝以古代建築法修改，保留原味。在臺灣東部不同的民宿建設風格相差甚遠，有一間民宿原本以養豬為業，將豬寮作成人住的民宿，價格低廉，生意很好，因為有些人想體驗豬舍住宿的滋味。現今資訊科技發達，有的民宿加裝光纖、數位建置於房內，因此有很多通訊設計已在建築內，可讓人們的生活更新穎方便。

二、有創意的識別形象

企業形象識別系統（corporative identity system）包括理念識別（mind identity）、行為識別（behavior identity）、視覺識別（visual identity）。企業形象識別系統的建立將會造成消費者印象累積，民宿經營者應以經營的宗旨設計出符合宗旨的基本圖形和文字，將設計出的基本圖形（logo）放於看板、客房用品、餐飲用品、業務行銷用品、路標、員工的制服上，可作為民宿促銷活動推廣。

三、室內外布置要有創意

❶資料來源：南庄容園谷景觀渡假山莊　❷資料來源：日光青境渡假民宿

　　民宿室內外的布置要有創意，包括設備、收藏品、綠化植栽等。

（一）設備

❸～❻資料來源：日初雲來渡假莊園

　　室內布置一定要塑造屬於民宿特有的風格，配合要呈現的風格來採購所用的設備，如歐式民宿室內設備以歐式為主，如採中國古代風格則以採購中式配備來搭配。

❼～❾資料來源：日初雲來渡假莊園

❿～⓬資料來源：新社荷蘭風情民宿

住宿旅客進入民宿應有接待室，作爲訂房之用，接待櫃臺不用像飯店那麼正式，但基本要有小櫃臺可作旅客資料登錄，可備有小臺電腦工作桌，將旅客資料輸入電腦。

接待室應有旅遊資料、當地文物館、美食生活圈，讓遊客可作旅遊之生活安排。房間內的設備宜耐用，依設置宗旨來選購設備，如床鋪有的買古董床，對現代人而言有時並不合適，因爲現代人的身高與古人的身高、胖瘦程度不一樣，反而讓遊客睡覺後感覺不舒暢。

㈡收藏品

依風格來展示，有的民宿以四合院的規劃，想要讓消費者了解古人農村的生活，就會收集一些耕田的用具、播種的工具，甚而收集古人農村夜間上廁所收集水肥的水肥桶，對現代人而言感到十分新鮮。有的在設定的主題下收藏古典家具、屏風、燈具、織物、雕刻、藝品等。

現今民宿業者常有很多收藏品，但沒有專人來作分類及管理，最好能作該成品的解說。

❸資料來源：禾□三一景觀民宿

❹資料來源：天籟園高品味休閒渡假民宿

㈢綠化布置

❺資料來源：谷關私房雨露

❻資料來源：清境山居民宿

❼資料來源：清境山林茶舍民宿

❽資料來源：清境天星渡假山莊

❶～❷資料來源：日初雲來渡假莊園

❷～❷資料來源：雲舞樓　清境民宿

民宿經營與管理

㉗～㉙資料來源：天籟園高品味休閒渡假民宿

㉚～㉜資料來源：禾口三一景觀民宿

㉝資料來源：夯陶宛民宿

民宿外的綠化布置應有創意，植物的栽種不宜漫無目標來作，應有庭院規劃與設計，考慮樹種、樹高、顏色搭配，植物依不同民宿坐落地區之氣候作選擇，應作整體規劃再買樹種或花種來種植，考慮地形來選擇植物，不使用化學農藥與肥料，運用當地的資材及適合的自然景觀。

㈣餐食要創新

民宿如果有供餐，餐食要創新，因為大多消費者外出旅遊就想品嘗不同風味的餐食，最好以健康餐為主軸，當地食材為主的風味餐。臺灣臺東花蓮地廣人稀可以作健康有機蔬菜餐、原住民餐、客家餐，如健康有機蔬菜餐可讓住宿旅客自行採摘室外種植的野菜，洗滌並放入快鍋中烹調。

如供應客家餐，客家有名的粉糰可製作湯圓、粿粽、蘿蔔絲菜包等，可讓消費者參與製作，做好讓消費者帶回去。體驗活動的設計十分重要，讓居住於都市的消費者回味無窮。

❸❻資料來源：南庄景舍民宿休閒山莊

㉟～**㊵**資料來源：雲舞樓　清境民宿

㊶～**㊷**資料來源：天籟園高品味休閒
渡假民宿

四、依消費者需求創造
　　不同的情境

　　民宿需依住宿客人的需求，作不同情境之設計，如靠近海邊可設計希臘風格、靠近桃園鶯歌可設計陶藝製作。

(45)

第五節　民宿申請

　　民宿經營成功與否，完全依賴於事前周詳的考慮，在申請過程亦需要了解下列事項：

❹❸～❹❺資料來源：茘陶宛民宿

一、民宿經營者

　　由《民宿管理辦法》第10條的規定指出，民宿應由建築物實際使用人自行經營，不得僱用他人專業經營民宿，在《民宿管理辦法》第11條規定有下列情形者不得經營民宿。

㈠無行為能力人或限制行為能力人。

㈡曾犯組織犯罪防制條例、毒品危害防制條例或槍砲彈藥刀械管制條例規定之罪，經有罪判決確定者。

㈢經依檢肅流氓條例裁處感訓處分確定者。

㈣曾犯兒童及少年性交易防制條例第22條至第31條、刑法第16章妨害自主罪、第231條至第235條、第240條至第243條或第298條之罪，經有罪判決確定者。

㈤曾經判處有期徒刑5年以上之刑確定，經執行完畢或赦免後未滿5年者。

二、民宿名稱

　　在《民宿管理辦法》第12條中指出，民宿之民稱不得使用同一直轄市、縣（市）內其他民宿相同之名稱。

三、民宿的申請

　　《民宿管理辦法》13條中指出經營民宿者，應先檢附下列文件，向當地主管機關申請登記，並繳交證照費，領取民宿登記證及專用標識後，始得開始經營。

　　㈠申請書。

　　㈡土地使用分區證明文件影本（申請之土地為都市土地時檢附）。

　　㈢最近3個月內核發之地籍圖謄本及土地登記（簿）謄本。

　　㈣土地同意使用之證明文件（申請人為土地所有權人時免附）。

　　㈤建物登記（簿）謄本或其他房屋權利證明文件。

　　㈥建築物使用執照影本或實施建築管理前合法房屋證明文件。

　　㈦責任保險契約影本。

　　㈧民宿外觀、內部、客房、浴室及其他相關經營設施照片。

　　㈨其他經當地主管機關指定之文件。

　　民宿事業主管機關是交通部觀光局，但民宿申請機構是當地主管機關即縣市政府觀光單位、縣市政府農政單位、縣市政府原住民事務主管單位。

四、民宿登記

　　《民宿管理辦法》第14條中規定民宿應記載下列事項：

　　㈠民宿名稱。

　　㈡民宿地址。

　　㈢經營者姓名。

　　㈣核准登記日期、文號及登記證編號。

　　㈤其他經主管機關指定事項。

　　民宿登記證之格式，由中央主管機關規定，當地主管機關自行印製。

五、實地勘查

　　《民宿管理辦法》第15條指出，申請民宿登記得要請衛生、消防、建管相關權責單位實地勘查。

六、民宿登記有問題時

　　當民宿登記資料不全，由《民宿管理辦法》第16、17、18、19、20條來處理

(一)第十六條：申請民宿登記案件，有應補正事項，由當地主管機關以書面通知申請人限期補正。

(二)第十七條：申請民宿登記案件，有下列情形之一者，由當地主管機關敘明理由，以書面駁回其申請：

　1.經通知限期補正，逾期仍未辦理。

　2.不符《發展觀光條例》或本辦法相關規定。

　3.經其他權責單位審查不符相關法令規定。

(三)第十八條：民宿登記證登記事項變更者，經營者應於事實發生後15日內，備具申請書及相關文件，向當地主管機關辦理變更登記。當地主管機關應將民宿設立及變更登記資料，於次月10日前，向交通部觀光局陳報。

(四)第十九條：民宿經營者，暫停經營1個月以上者，應於15日內備具申請書，並詳述理由，報請該管主管機關備查。

　前項申請暫停經營期間，最長不得超過1年，其有正當理由者，得申請展延一次，期間以1年為限，並應於期間屆滿前15日內提出。

　暫停經營期限屆滿後，應於15日內向該管主管機關申報復業。

　未依第1項規定報請備查或前項規定申報復業，達6個月以上者，主管機關得廢止其登記證。

(五)第二十條：民宿登記證遺失或毀損，經營者應於事實發生後15日內，備具申請書及相關文件，向當地主管機關申請補發或換發。

分析討論

　　民宿投資之前應審慎評估，民宿安能永續經營很重要的是家人支持，家人的個性需可接納外人並能招呼住宿的客人，將他們視為上賓。如果只有一個人在經營，家人不支持，客人住進後將感受到壓力，可能客人不會回流，造成永續經營的斷層。

　　現代的民宿經營常加入生活體驗，因此主人要不斷學習新知，獨創特色，不能全部模仿別人，要讓客人感受到民宿一遊十分有收獲，才會介紹更多人來住宿。

　　在民宿經營時要敦親睦鄰，因為經營過程有太多人進出社區會影響社區人們的生活。如果是一位好的經營者應整合社群，讓社區作整體營造，如文化或整體生計帶動，不僅你的住房率增加，社區人的商店或每個人感受到生意提昇，相輔相成，才能達到永續經營的成效。

延伸思考

1. 遊憩體驗設計包括生理體驗、心理體驗、放鬆體驗、知性體驗、美感體驗、社交體驗。經營民宿業者可由此6大體驗設計相關活動。
2. 民宿主人的親和力十分重要，需能與不同型態的客人融和，分享其生活經驗。

第三章

民宿經營管理

第一節　房務管理

住宿旅客在住宿時能享受到乾淨、舒適的房間，將是決定其重遊意願很重要的條件。「工欲善其事，必先利其器」，房務管理應有符合人體工學的床、乾淨的床單、衣櫥、沙發、茶几、浴缸、馬桶等，現分敘如下：

一、客房規劃注意事項

(一)色系選擇

房間的色系依不同範疇有不同的色系，如家具、家飾、浴室及備品有三大範疇的色系。家具類如衣櫥、門、桌、椅、床頭板、床頭櫃、電視櫃大多選用咖啡色系，現代設計師有時採用黑色系；家飾類如地毯、窗簾、床罩、枕頭、被單、床群，被單大多採用白色，其他家飾則採用暖色系，如淡粉紅、淡橙色系；衛浴設備大多採用白色系較能檢視出乾淨程度。

❹❻資料來源：南庄向天湖咖啡民宿

❹❼資料來源：清境天星渡假山莊

❹❽～❹❾資料來源：日光青境渡假民宿

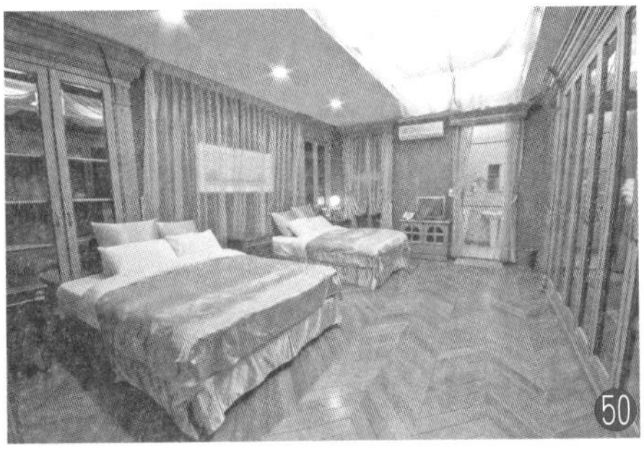

(50)資料來源：天籟園高品味休閒渡假民宿

(51)資料來源：新社荷蘭風情民宿

㈡家具配件

家具以美觀牢固為要，不宜太笨重以免占空間。

(52)～(53)資料來源：日初雲來渡假莊園

(54)資料來源：劦陶宛民宿

(55)資料來源：雲舞樓　清境民宿

(56)資料來源：南庄藝欣山莊民宿

㈢燈光

以暖色燈光為宜，避免使用太強白色系燈光。

㈣空調

空調宜有冷暖氣規劃，能作好溫度調整。

㈤隔音

隔音要好，以免吵到別人。

二、設備

(一)床

⑤⑦～⑤⑧資料來源：日初雲來渡假莊園

⑤⑨資料來源：雲舞樓　清境民宿

⑥⑩～⑥③資料來源：天籟園高品味
休閒渡假民宿

❻❹～❻❺資料來源：禾口三一景觀民宿　❻❻資料來源：荔陶宛民宿

❻❼～❻❾資料來源：新社荷蘭風情民宿　❼⓪資料來源：清境天星渡假山莊

床可分為單人床、雙人床、半雙人床、沙發床。單人床為39英吋×81英吋、雙人床57英吋×81英吋、半雙人床為51英吋×81英吋、沙發床為30英吋－36英吋×81英吋，另外有隱藏式床（即雙人床兼沙發之用）、併用床（白天可當沙發與單人床，晚上當雙人床）、門邊床（床頭與牆壁相連，白天將床尾往上拉，緊靠牆壁）。床應堅固耐用，床腳四周應與地板密合，不能只有四支支架空心架於地板上。床墊有彈簧床、按摩床、紅外線床、磁床、電動床、水床、乳膠床。現代水床具有調理功效，能均勻支撐身體，讓身體自然均勻地躺下，可舒緩頸椎、腰背和膝蓋。乳膠作的床墊與枕頭亦是很好的床。

（二）床單

床單有不同色彩及花樣，為了解床單是否乾淨，以白色床單為佳。

（三）衣櫥

收費高的民宿使用以柚木、檜木作的衣櫃，入門即聞到木材的香味，好的材質給予房間增加質感。由於民宿客人使用率高時，衣櫥的掛架需堅固耐用。

⑦資料來源：雲舞樓　清境民宿

（四）沙發、小茶几

⑦資料來源：清境天星渡假山莊

⑦～⑦資料來源：日初雲來渡假莊園　**⑦資料來源：禾口三一景觀民宿**

住宿客人用的
小沙發、小茶
几宜配合房間
大小來規劃。

⑦⑧資料來源：
荔陶宛民宿

（五）浴缸

⑦⑨資料來源：新社荷蘭風情民宿

⑧⑩資料來源：谷關私房雨露）

⑧⑪資料來源：日光青境渡假民宿

⑧⑫資料來源：日初雲來渡假莊園

⑧⑬資料來源：雲舞樓　清境民宿

⑧⑭資料來源：荔陶宛民宿

⑧⑮資料來源：新社荷蘭風情民宿

浴缸採用按摩式讓客人晚上可享受身體舒解的感受。浴缸以白色、淡色為宜，每日清潔乾淨，避免油垢。

(六)馬桶

馬桶的色系與浴缸同色。

三、房務標準作業程序

(一)進入客房

　　1.先按電鈴

　　　進門前先按電鈴，表明自己整理房間，是否可以進入？靜待5秒鐘後，未見回答，依上述動作重覆一遍。

　　2.打開房間

　　　用鑰匙輕輕打開房門，輕推房門，同時表明自己整理房間，是否可以進入。

　　3.拉開窗簾

　　　拉開窗簾，關閉所有燈光。

　　4.檢查房間

　　　先以目視方法瀏覽房間一遍，依區域重點逐一檢查房間配備與備品。

　　5.離開房間

　　　將鑰匙由電源盒上取出，將房門拉上。

(二)鋪床

　　1.收拾睡過的床單

　　　房務員站於床尾將床組往後拉30公分，將床上之其他物品移開，將床單一張張的逐一拉起，將使用過的枕頭套拉起，再將羽毛被與枕頭罩放於沙發或床頭櫃上。

　　2.收出睡過的床單

　　　將收起之睡過床單抱出，置放於帆布車上，將乾淨的床單、枕頭放入房內。

3. 更換床單

將乾淨的床單放置於床頭櫃上，服務員立於床頭處，將第1層床單鋪上床墊上，將第2張床單鋪上，將羽毛被鋪於第2條床單之上，將第3條床單覆於羽毛被之上。如果採取床罩式被套，床單只要第2張鋪上，加上床罩式被套即可。

4. 更換枕頭套

將新的枕頭套套上枕頭，並將枕頭平置於床頭。

5. 蓋上床罩

將床罩蓋上，並將床推回原位。如果採取床罩式被套，則將床推回原位即可。

(三)整理客房

1. 收拾垃圾

首先在房間繞行一圈，並將垃圾集中收出，水杯收至浴室洗手槽。

2. 房間擦塵

先擦拭門內外，接著擦拭衣櫥上下內外、行李架、梳妝桌、電視機、燈具（電燈關閉，燈泡是冷的才可擦拭）、咖啡桌椅、窗臺、玻璃窗、窗簾、床頭板、床頭櫃、掛畫及壁面等。

3. 補足備品

補足衣櫥內備品及梳妝桌備品。

4. 地毯吸塵

窗臺下、咖啡桌椅底下、床邊、梳妝臺下、房間走道及門下等皆要徹底吸塵。

(四)整理浴室

1. 收拾垃圾

浴室垃圾集中收出，毛巾亦集中收出。

2. 沖洗浴室

先用清潔劑噴地面、壁面及浴缸，刷洗地面、壁面及浴缸，沖洗

地面、壁面及浴缸，接著擦洗鏡子、洗臉臺及浴門。

3.補足備品

補足盥洗備品及毛巾。

㈤清洗水杯

1.收集水杯

將水杯收集至洗水槽，水杯內容物倒掉。

2.清洗水杯

先用洗碗精清洗水杯，用清水沖淨，滾水浸泡約5-10分鐘，取出杯子再浸入漂白水消毒，漂白水的配方以清水和漂白水比例為4/1000（漂白水之強度為20%），漂白水浸泡約20分鐘取出，放在吸水性良好的布巾上再晾乾即可。

3.擺回置放水杯處

拿取杯子時避免手印沾在杯上，將水杯覆蓋於杯蓋上。

第二節　民宿餐飲管理

　　民以食為天，一般人至外地旅遊，餐飲的安排是十分重要的工作，民宿有的只供應早餐，有的供應晚餐，甚而有的民宿提供完善的廚房設備由消費者自行烹煮。現由菜單設計、食物採購、食物衛生管理、儲存，來作民宿餐飲管理之介紹。

一、菜單設計

　　臺灣四季如春，各地物產豐富，民宿分布在各縣市，因此民宿業者應以當地食材來設計菜單提供給消費者，由表3-1可見臺灣各地農產品。

　　臺灣的飲食文化亦受到外來各國飲食文化薰陶，因此都市內的飲食多樣化，到較郊區的民宿住宿時，大多想要享受在地飲食，因此民宿的菜單設計應以當地食材，配合居住族群發展出特殊專業的飲食文化，如傳統中式菜餚、西餐、客家菜、原住民菜單，讓消費者在休閒之餘嘗到

不同口味的菜色，可能會因為懷念特殊口味的小吃或菜餚，而有重遊的
意願。

表3-1　臺灣各地農產品

產區	臺灣各地區農產品
基隆市	花椰菜、甘藍菜、蘆筍、竹筍、甘蔗、香蕉、鳳梨、柑橘、葡萄、荔枝、西瓜、大豆、甘薯、花生、稻米、高粱、茶葉、紅豆、香菇、綠竹筍、蓮霧、山藥、小白菜、芹菜、A菜、空心菜
臺北市	苦瓜、冷地蔬菜、鮮筍、紅蘿蔔、桶柑、草山柑、柑橘、草莓、蓮霧、文旦、甜柿、水桃、文旦、百香果、地瓜、香菇
臺北縣	菜葉類蔬菜、綠竹筍、茭白筍、山藥、文旦、西瓜、蓮霧
桃園縣	萵苣、白菜、莧菜、A菜、空心菜、小白菜、芹菜、紅蘿蔔、甘薯葉、福菜、豌豆苗、巧好有機米、紅鳳菜、苦瓜、剝皮辣椒、彩色甜椒、柿餅、番茄、柑橘、茂谷柑
新竹市	甘薯、空心菜、豌豆苗、苦瓜、絲瓜、柑橘、茂谷柑、柿餅、番茄、柳丁、桶柑、文旦、火龍果、海梨
苗栗縣	香菇、有機蔬菜、竹筍、芋頭、福菜、梅干菜、甘藍菜、山藥、土野菜、榨菜、玉米、金花石蒜、甘薯、薑、金針菇、文旦、草莓、李、高接梨、甜柿、桃、桶柑、柑橘、西瓜、洋香瓜、軟枝楊桃、水蜜桃、巨峰葡萄、紅芭樂、水稻、花生、優質米
臺中市	竹筍、雍菜、文旦、高接梨、豐水梨、紅柿
臺中縣	馬鈴薯、金針菇、柳松菇、香菇、洋菇、苦瓜、敏豆、甘薯、芥菜、韭黃、芋頭、蘿蔔、桃子、甜柿、桶柑、龍眼、溫州蜜柿、巨峰葡萄、柳橙、李子、荔枝、桑葚、楊桃、草莓、小番茄、芒果、洋香瓜、櫻桃、香蕉、大梨、高接梨、蜜紅葡萄、柑桔、豐水梨、新興梨、蜜桃、橫山梨
彰化縣	精緻蔬菜、豌豆、花椰菜、香菜、甘薯、芋頭甘薯、牛蒡、白柚、蜜紅葡萄、溫室葡萄、巨峰葡萄、西瓜、文旦、西施柚、楊桃、甜桃、香水桃、荔枝、番石榴、蜜雪梨、豐水梨、新興梨、青梅、洋香瓜、小番茄、蕎麥、花生
南投市	絲瓜、番茄、荔枝、鳳梨、木瓜、龍眼、文旦、柿子
南投縣	高冷蔬菜、茭白筍、香菇、金針菇、茄子、絲瓜、高麗菜、翠玉白菜、芹菜、芥菜、結球萵苣、竹筍、蘿蔔、野菜、碧玉筍、山藥、明日葉、苦瓜、甜柿、香蕉、柑柿、柑桔、荔枝、文旦、茂谷柑、甜蜜桃、百香果、

產區	臺灣各地區農產品
南投縣	馬來西亞楊桃、鳳梨、玉珠葡萄、青梅、巨峰葡萄、紅肉李、芭樂、番茄、枇杷、草莓、柑橘、楊桃、甜桃、無子檸檬、波羅蜜、蜜釋迦、洋香瓜、甜瓜、水蜜桃、蘋果、桃子、世紀梨、龍眼、紅甘蔗、柳橙、西瓜、香瓜、花生、稻米
嘉義縣	花生、米果、菊花、有機米、唐菖蒲、海芋、有機白米、有機糙米、蓮花香花、香水蓮花、薑荷花、榨菜、洋桔梗、小黃瓜、仙葉烏龍茶、春茶、二季春茶、秋茶、冬茶、甜柿、小番茄、彩色甜椒、香瓜、梨仔蒲、溫室胡瓜、五彩甜菜、翠玉艾葉菜、黃秋葵、小白菜、青江白菜、萵苣、格蘭菜、莧菜、菠菜、小西瓜、文心蘭（切花）、洋香瓜、甜蜜瓜、鳳梨、柑橘、柳丁、茂谷柑、芭樂、香水百合、葵百合、阿卡波克、百合切花、明日茶葉、茶葉、愛玉子、番路高山茶路、水柿、香菇、木耳、靈芝、木瓜
臺南市	黑豆、小番茄
臺南縣	竹筍、鳳梨、洋菇、菱角、胡麻油、洋香瓜、蒜頭、胡蘿蔔、牛蒡、甜玉米、無子西瓜、木瓜、破布子、甘薯、番石榴、柳丁、芒果、柑橘、白木耳、西印度櫻桃、蔥蒜、楊桃、梅子、龍眼、釋迦、蓮子、蓮藕、文旦、酪梨、大白柚、鴨蛋、荔枝、草莓、小西瓜
高雄市	火鶴花、文心蘭、蝴蝶蘭、葉材、唐菖蒲（劍蘭）、鳳梨、番石榴、荔枝
高雄縣	黑鑽石蓮霧、茶葉、金煌芒果、梅子、番石榴、棗、蜂蜜、泰國柚、珍珠芭、水晶芭、玻瑰花、印度棗、鳳梨、荔枝、胡瓜、絲瓜、苦瓜、香瓜、哈蜜瓜、洋香瓜、小黃瓜、花卉、龍眼、西瓜、洋蔥、劍蘭、花生、椰菜、花胡瓜、番茄、小玉西瓜、盆花、芒果、竹筍、梅子、愛玉子、薑、玉米、毛豆、香蕉、檸檬
屏東縣	棗子、文心蘭、絲瓜、苦瓜、蓮霧、劍蘭、夜來香、玫瑰、檸檬、金煌芒果、印度棗、火鶴、皇后蘭、愛文芒果、甜瓜、洋香瓜、山藥、鳳梨
臺東縣	報歲蘭、四季蘭、劍蘭、桶柑、晚崙西亞、番荔枝（釋迦）、葡萄柚、文旦、百香果、高接梨、韭菜、龍鬚菜、枇杷、波羅蜜、脆梅、梅子、有機米、鳳梨、番茄、甜椒、西丁
花蓮市	有機白米、有機糙米、有機胚芽米
花蓮縣	水晶芭樂、鳳梨釋迦、楊桃、檸檬、蓮霧、棗子、花胡瓜、苦瓜、天鶴茶、綠茶粉、茶葉、鮮乳、文旦、甜椒、牛番茄、香菇、番茄、山蘇、富麗米、文心蘭、劍蘭、夜來香、火鶴花、芋心甘薯、酸菜、紅糯米、金針花、碧玉筍
宜蘭市	蜂蜜

產區	臺灣各地區農產品
宜蘭縣	銀柳、文竹、山蘇、百合、三星上將梨、青蔥、聖誕紅、黃金葛、白鶴芋、長春藤、番茄、蝴蝶蘭、桶柑、袋鼠花、波斯頂厥、鳳梨、甜蜜桃、楊桃、寒梅
澎湖縣	花生、哈蜜瓜、嘉寶瓜、稜角絲瓜、仙人掌果實、楊桃
金門縣	高粱、蘿蔔、番茄、小麥、花生、檳榔芋心、金門結球大白菜

(一)早餐的菜單設計

　　居住在都市的人們，早餐往往攜帶三明治、麵包、牛奶匆匆忙忙就食，很難得享受到傳統式的稀飯配小菜的早餐，因此當民宿業者能早一點起床熬煮地瓜稀飯、燙個青菜，配上傳統口味自己醃製的豆腐乳醬瓜，煎個荷包蛋、配上肉鬆，對生活在都市的人是一大生活享受。如果西式早餐則準備土司、煎蛋、熱狗、三明治、生菜沙拉，加上果汁、飲料，讓來民宿的消費者在寧靜的早晨享受西式早餐。

(二)晚餐的菜單設計

　　如果在原住民部落可採用原住民的食材製作出不同原住民的餐食（表3-2）臺灣的原住民所用當地食材非常新鮮，作法亦很簡單，烤的方法是將食材直接放在烤架上烤熟，只灑少許鹽；煮的方法則用蔬菜汆燙，再拌上調味料，此種吃原味很符合現代人健康需求。

表3-2　臺灣原住民的飲食生活

族群	分布	生產方式	主食	烹調
泰雅族	臺北：烏來 新竹：尖石 臺中：和平 宜蘭：大同 南投：仁愛	1.農耕：山田、燒墾、粟為主食 2.狩獵： 平時：個人 祭典：組團 出獵前要占卜，女子不能碰獵具。捕獲山豬、	農產品、漁獵物和採集物，以芋頭、甘薯、粟為主食，以獸肉、溪魚、野菜為副食	燜、烤、煮

族群	分布	生產方式	主食	烹調
泰雅族		山羌、鹿、山羊、猴子、穿山甲、飛鼠和鳥類為主。養狗、豬、雞和牛。		
賽夏族	新竹：五指山 苗栗：大東溪	1.農耕為主 2.狩獵為限 3.捕魚：大坪溪、大東沙	1.粟、甘薯、山芋、玉米為主 2.米和小米煮成乾飯，糯粟搗米麻糬 3.肉類來源：打獵、捕魚、飼養。山豬、鹿、山羌、山羊、竹雞、鯉、鰻、蟹、蝦 飼養：豬、雞 酒：小米酒、米酒、山藜酒	鹽、辣椒、蜂蜜為調味料
阿美族	花蓮南勢、秀姑巒、花蓮、台東、屏東	1.自製陶器	1.植物性農作物漁獵及家養動物肉類 2.植物性食物甘薯、小米、水稻、旱稻、玉米、高粱、紅豆、綠豆、樹豆、豌豆、甘蔗、花生、香蕉、木瓜、桔子、番石榴、桃、韭、蔥、白菜、葫蘆、絲瓜、蘿蔔、藤心、牛草	1.日常亦用鹽為調味料，味素、油、罐頭 2.生食：飲水、嚼檳榔、醃肉、小魚、果實、瓜類、牛草心 3.水煮、石頭煮

族群	分布	生產方式	主食	烹調
阿美族			心、桂竹筍、野芹菜、山芥菜、木耳	
卑南族	台東市建業里、建和里、卑南鄉、卑南溪以南、知本溪以北	1.農耕狩獵（不太從事捕魚） 2.生產粟、甘薯、芋	1.粟飯、稻米粥、菜粥 2.青菜、燻肉、醃魚、豆類、瓜類、野菜、糕與酒 3.保存食物：燻肉、醃腸、糟肉、醃菜	
鄒族	1.阿里山－曹亞族 2.南曹：卡那布亞族、沙阿魯阿族 3.北曹：阿里山、南投信義鄉 4.南曹－高雄卡那布亞族，高雄源沙阿魯阿亞族，居住500-1,000公尺，6,000多人 南投、嘉義、高雄	以狩獵為主，以燒墾兼捕魚為輔	1.一日三餐，早餐以薯芋為主，午餐在田間用餐，以粟米糕與薯芋為主，晚餐以粟米粥、甘薯、野菜和小米粥為主 2.以野菜或豆子加鹽煮湯 3.山鹿、山豬、山羌為主	
排灣族	1.原住民中第三群僅次於阿美族與泰雅 2.屏東縣一大部分（屏東三地鄉）；高雄縣及台東縣為小部分居住在100-1,000公尺	1.煙田農業為生產方式，以粟、旱稻、芋、甘薯為主。另有豆類、煙草、花生和樹豆。飲食有粟米飯、粟米粥、粟飯糰、粥、菜粥、烘芋、煮		煮、蒸、烘、烤

族群	分布	生產方式	主食	烹調
排灣族		芋、煮甘薯、烘甘薯、糯米糕 2.肉類：鹿、山羊、山羌、山豬為主 3.魚以山溪魚蝦為主 4.飼養豬、狗、雞、峰；不吃狗肉		
魯凱族	高雄縣茂林 屏東霧臺 臺東卑南	旱稻、甘薯、玉米、花生、黎、高粱 副食：絲瓜、南瓜、豆類	1.小米、芋頭 2.調味：鹽、辣椒、生薑 3.肉類 山豬、魚肉、羌肉、鹿肉、果子狸、豬、雞、捕魚蝦	鍋煮、石頭煮、烤、烘、蒸（煮小米飯，烘芋頭）
布農族	臺灣中部山區，以南投縣為中心	1.農業、狩獵為主要生產方式 2.農獵、飼養、捕魚、採集為輔助性生產	1.以粟、甘薯、芋為主食，以旱稻、玉米、高粱為主 2.以野菜、獵肉、山溪魚蝦，家畜以豬、雞為主 3.每天三餐 早餐小米飯、甘薯，午餐在田間用餐，晚餐以水果、野菜加鹽	

族群	分布	生產方式	主食	烹調
雅美族	蘭嶼島四周有6個村落	1.漁撈和農耕灌溉水田，從事山田燒墾	1.粟、甘薯、芋頭為主，芋頭有野芋和水芋。 2.魚製成魚乾加以儲存 3.以雞肉、豬肉、山羊肉為主食	

　　到客家民宿可準備客家宴客的全雞，全雞經煮熟後有4部分即頭、尾、腳、翅不能食用，四炆即用爛肉、筍絲、菜頭、鹹菜以慢火燉之，四炒用不同蔬菜配上肉或魚炒之。

　　另外可準備客家人用米作出來的糯米粄食，另稱為頭搥、二粢、三甜粄、四惜圓、五包、六粽、七碗粄、八摸挲、九層糕、十紅粄，只要選出一種當點心，讓賓客可吃到道地的糯米粄食，將使賓客口齒留香。頭搥是指臺式麻糬，用糯米糰中央包入不同餡料，入水煮熟或油中炸熟；二粢即將糯米糰中央壓下凹陷狀，再蒸熟；三甜粄即作好的年糕、紅豆粄、花生粄；四惜圓即作好的湯圓、元宵；五包即作好的菜包、艾草包；六粽即作好的粽子、粄粽、鹼粽；七碗粄即甜碗粿或鹹碗粿；八摸挲即甜鹹米苔目；九層糕即作成九層甜鹹糕；十紅粄即作成的紅龜粄。

　　如果民宿塑造成歐洲風格的建築，其餐食亦採用歐洲口味時，現今義大利風格亦受到歡迎，可選用不同外形、顏色的通心麵煮熟，配上番茄醬、洋蔥、海鮮、肉類、蔬菜、鮮奶油，以橄欖油拌炒，可作成義大利式炒麵。

　　若供應法式料理，如能製作出精美的鵝肝醬配上松露與腓力牛排、香煎鱸魚、烤海鮮串、白酒蒸鮭魚，可製作出精美的法國料理。

　　若採用瑞士火鍋，則需備有瑞士火鍋爐，將不同的食材切成丁狀，

讓賓客自行取食串於串針，放入已熔化乳酪的火鍋內沾食。

二、食物採購

由擬訂好的菜單，將所需的食材依人數多寡訂出採買項目、種類、數量，主市場採購。一般民宿可能住於偏遠地區，最好能找到合適的送貨商來送貨，當地的食材能找到在地的供應商，有的民宿自己本身是農民，本身就有種植一些蔬菜或水果，可由消費者自行在農園內採摘，自己動手洗切煮。由於常去民宿的消費者大多想去享受田園樂趣，日本的民宿經營者喜歡設計體驗之旅，如種植蕎麥麵，煮成麵條，有些業者還讓消費者帶回自己採摘的當地農產品，幾顆新鮮的蔥、南瓜、地瓜，對消費者都是十分興奮的事。

三、民宿業者個人衛生

民宿業者應有健康之體魄及良好的衛生習慣，其個人衛生應注意下列幾點：

(一)健康狀況

1. 應定期接受健康檢查：每年2次，並按規定接受預防接種，早發現早治療，為己為人。如作X光檢查可及早發現結核病，驗血可及早發現B型肝炎，檢查糞便可及早發現赤痢菌、傷寒菌。
2. 凡感冒、喉痛、嘔吐、下痢或皮膚炎者，不得烹調食品。手指有刀傷，常會有葡萄球菌滋生，避免用手直接接觸食品。

(二)注意手的衛生

雙手萬能，手亦成為細菌最多的地方，所以應特別注意手的衛生，以免將細菌帶入餐食中。

1. 嚴禁留指甲、擦指甲油及戴戒指、手錶、項鍊、耳環等飾品。
2. 工作前或工作中要常洗手。
3. 上廁所後、調理前、咳嗽、打噴嚏、擤鼻涕、吐痰、剪指甲、打掃後，均應洗手。

4.洗手應以肥皂搓洗，手心、手背、手腕、手指尖、手指縫洗完肥皂後，再以清水沖洗乾淨。

(三)良好的個人衛生

1.工作時穿清潔的工作服及戴髮網，衣服應備多套以作換洗用。並注意在打菜時應戴口罩。

2.經常理髮、洗澡、修剪指甲。

3.不可隨地吐痰、擤鼻涕、抽菸、嚼檳榔。

4.咳嗽、打噴嚏時，需用衛生紙或毛巾掩住口鼻，以免汙染食物或餐具。

5.不得用口黏貼標籤於食物或其他包裹上。

6.器皿應收拾乾淨，不得取作洗滌衣物之用。

(四)良好的工作態度

1.餐桌準備：桌椅應隨時刷洗或用布擦乾淨，鋪上乾淨之桌布。不要留下食物殘渣，以免齧齒類動物侵擾。

2.餐具：

(1)用膳餐具如碗、碟、刀、叉，應用托盤端送，不可直接用手端送。

(2)送餐食時，不可每盤餐食相疊，應放在托盤內端送。

(3)餐具有破損，應立即更換。

(4)餐具若掉到地上，應用水清洗乾淨，再作供應。

3.供應紙巾：最好不要供應毛巾，因為毛巾常易消毒不完全，對眼睛感染角膜炎比率相當高。

4.應用公筷母匙，以免傳染細菌。

5.手指不可觸及餐具之邊緣、內面或食物。若必須接觸食物，應穿戴用過即丟之塑膠手套。

四、食品衛生管理

各類食物的食品衛生管理如下表。

表3-3　各種食物於操作過程之品質管理

食物種類	汙染來源（生鮮食材）	採購時	儲存	烹調前及烹調時應注意之事項
穀類	穀粒採收後，土壤及碾磨過程受到汙染。	1.應行抽樣檢查水分含量 2.檢查其外形之完整性。越不完整，越易受蟲害	1.應保持乾燥。 2.確保不受齧齒動物侵害。	1.使用器具應充分清理。 2.有些穀類如麵粉，做成烘烤成品，應完全烘烤。
肉類（含家禽類）	在操作加工中受到汙染。主要來源為動物體表與腸道，由刀子、手而汙染肉體。	1.應避免買到： (1)肉表面有黏液者 (2)肉色呈綠色或棕色者 (3)脂肪有酸敗味道者 2.香腸等加工品應有合格添加物	買回來之新鮮肉品，予以冷藏或冷凍。	1.冷凍肉類之解凍，應在前一天拿到冰箱之冷藏庫解凍，切忌放在髒水中。 2.肉類內臟易藏多種細菌，因此內臟在儲存前應從肉體中取出，避免汙染肉體。 3.烹煮肉類最好煮至全熟，肉之溫度至少達75°C以上。尤其豬肉應煮至全熟。
魚類及海產類	1.所含之微生物視其所生存之水中生物含量而定。 2.受到找獲後，漁船貯藏容器及漁夫操作影響。 3.內臟所含微生	不能採買之生鮮材料如： 1.有異味者 2.眼睛下陷者 3.魚肉沒有彈性者	迅速除去內臟，並將魚體表面及內腔沖洗乾淨，儘快冷凍或冷藏。	1.冷凍後應注意在解凍前一天放到冷藏庫，慢慢解凍，或可用微波爐解凍。 2.烹調前應將表面黏液及內腔完全洗淨。

食物種類	汙染來源 （生鮮食材）	採購時	儲存	烹調前及烹調時 應注意之事項
魚類及海產類	物較多，所以除去內臟時，應要有技巧。			3.所用之器具應力求乾淨，避免受到汙染。
牛奶	1.乳房及黏接部是否乾淨。 2.乳桶及加工用具是否乾淨。	1.應注意是否有霉味或酸敗現象。 2.生牛奶仍含基本細菌，但含菌量不可太高。 3.應注意標示日期，不可超過期限。	1.迅速冷藏。 2.罐裝或保久乳應放在陰涼處。	1.用具應乾淨。 2.由冰箱內取出或一經開罐尚未用完，應避免於室溫下放置太久。
蛋類	蛋的外殼常沾染糞便，在操作過程中受汙染。	1.不買外殼已破的蛋，因細菌已侵入蛋的內部。 2.蛋粉易受微生物汙染，應保持乾燥。或在採買時抽樣作沙門氏菌之檢驗。	1.迅速冷藏。 2.蛋粉應放在陰涼處，並隨時將容器保持密封。	1.去蛋殼時，切忌使蛋殼汙染到蛋液。 2.用手取拿蛋後，切忌再直接處理蔬菜，尤其是涼拌蔬菜，易使手上細菌汙染蔬菜。
蔬菜及水果	1.土壤中的微生物會汙染到蔬菜。 2.加工的蔬菜常因加工過程之機器操作而受汙染。	1.選購新鮮且合於時節之食物。 2.大量採買時，最好能了解其原產地對蔬果是如何處理。	1.葉狀蔬菜先去除不可食部分，再予以冷藏。 2.有些蔬菜如馬鈴薯、芋頭等根莖類應可放在陰涼處。	1.應用流水式清水洗乾淨。 2.切割蔬果之刀與砧板應與切肉者分開，並予充分洗淨。

食物種類	汙染來源 （生鮮食材）	採購時	儲存	烹調前及烹調時 應注意之事項
罐頭食品	1.加工操作之用具不乾淨。 2.加熱不完全。	1.注意不能買膨罐、凹罐、凸罐或銹罐等不正常罐頭。 2.打開時不應有異味。	存放於陰涼通風處，不宜有陽光直射。	各類罐頭在食用前，最好先行烹煮10分鐘以上。
冷凍食品	1.生鮮材料受到汙染。 2.操作加工過程及用具受到汙染。	1.注意是否保持於冷凍狀態下，尤其是冷凍車之溫度是否保持於-18℃以下。 2.包裝不能有破損現象。 3.包裝上應有清楚之標示。	1.放在-18℃以下之冷凍庫中。 2.食品應以大塑膠袋分類再予以包裝，包裝上應標明材料種類、數量。 3.保存期限：視食品種類及儲存溫度而定。	依烹調方式之不同，其解凍程度亦不同。如炸、炒者應完全解凍；有些則需半解凍；有些則不需解凍。解凍時間儘可能縮短。

五、廚房設備

(一)工作地區的設備

1. 地面應用不透水材料，應有充分坡度及排水和防鼠設備，並常常清洗，保持乾淨。

2. 天花板、牆壁需很堅固，經常油漆，保持清潔。

3. 光線充足，光度至少有100-160lux。

4. 空氣充分流通，有適當之排油煙設備。

5. 窗戶應加紗窗，以防蚊蠅進入。

6. 適合的衛生盥洗室及廁所，且廁所不得面對廚房。

7. 工作場所每年至少刷新1次。

8. 工作場所應保持清潔，不得飼養家禽、家畜。

9. 應備有蓋之垃圾桶及裝廚餘之容器。

10. 應有三槽式洗滌餐具設備、殺菌設備。用具經洗滌殺菌後應保持清潔，並妥善存放，最好放在不銹鋼密閉之餐具櫥內，切忌放在木製之櫥櫃中，會有蟑螂進入。

11. 應有足夠且清潔之冷凍、冷藏設備，冷藏溫度應保持在5℃以下，冷凍溫度應在-18℃以下。生食、熟食分開存放，儲存熟食應加蓋或覆上保潔膜，避免食物受到汙染。每日應有人負責整理冷凍、冷盤庫，每週應清洗內壁一次，每日定時檢查各冷凍庫之溫度，以免電路系統受損，使食物損壞。

12. 乾料儲存庫應有良好的設計：有適當的溫度（5-22℃）控制，避免日光直射。若日光直射入庫房，會使庫房溫度升高，導致細菌繁殖。且應有適當的相對濕度（40-60%）。食物不能直接放於地上或靠牆，應有可調整高度之金屬鐵架，東西離地15-20公分，隨時保持潔淨，應有良好的存放秩序。

(二)用具方面

1. 工作檯上應以不銹鋼材料鋪設，四周以圓的彎角為佳，每日確實清洗。

2. 食物應在工作檯上料理，不得直接放於地面。

3. 刀與砧板要確實區分切肉、切菜，生食與熟食亦應分別處理。木頭砧板有裂縫時應換新。切割用具如刀、砧板在使用前，應用60℃以上之熱水刷洗，以去汙物。

4. 調味品應以適當容器盛裝，使用後隨即加蓋。

5. 油煙機應定期清理，保持乾淨，不得有很多油垢。

6. 不必要之用具就丟棄不用，需要用之器具應歸位排列整齊。

7. 用具應隨時刷洗乾淨，地面也要每天刷洗，洗後保持乾燥。

六、飲用水衛生

餐飲業的作菜過程中，水是非常重要的，它不能受到任何汙染，在世界上曾發生過幾次經由水汙染造成的傳染病，如細菌性痢疾、霍亂，均是因糞便汙染了水源所引起的，所以餐飲業用水應十分注重其衛生管理。

(一)現今餐飲業用水受到汙染之原因

1. 地下室蓄水池緊鄰汙水池，而池壁防水工程未盡完善，如池壁龜裂，導致蓄水池受到汙染。
2. 屋頂水塔未能密蓋，有汙物落入水中，汙染水池。
3. 蓄水池、水塔或室內取水線破裂，使水質受汙染。
4. 飲水機或製冰機未定期清理，使細菌大量生長。

(二)飲水管理

1. 應接用自來水，若無自來水供應，則應改用良好水質之水源，並經衛生機構確實檢查乾淨。
2. 應作水質檢驗：如檢驗飲用水之自由餘氯量、酸鹼度，及是否有大腸菌汙染。若飲用水中有大腸菌或生菌數超量時，表示水中有病原菌，應加以消毒殺菌處理，否則不宜飲用。
3. 飲水機應加強清理及換過濾心之工作，尤其各種不同品牌的過濾殺菌之材質亦不同。如有活性碳為過濾之質材，當活性碳顆粒孔洞塞滿後，就喪失了過濾作用，且成了細菌繁殖之溫床，所以應定期清理，使其活性炭經常保持清新之狀態。有的是以紫外線殺菌，以2,537A波長15W之紫外線燈照射8公分，可在1分鐘內完全殺菌。也有的以離子交換樹脂，隔一段時間應以適當藥劑實施逆洗，使其交換樹脂重新活化。

七、病媒管理

凡是有食物的地方一定會招致蒼蠅、蟑螂、老鼠的侵擾，此等病媒

常將病原體由一寄主帶至另一寄主，導致傳染病之發生，同時在它們身上常帶有許多病原菌，如沙門氏菌、志賀菌，所以應加強杜絕病媒之工作。

(一)老鼠之防治工作

1.鼠害

鼠類的危害，可分為7點：

(1)汙染或損害食物。

(2)傳染疾病。

(3)咬傷人和畜類。

(4)破壞家具、電線等物品。

(5)竊食糧食。

(6)損害農作物。

(7)擾亂安寧。

2.鼠疫

就人體而言，鼠疫可區分為4種：

(1)腺鼠疫：感染部位主要為血液，鼠疫桿菌阻塞於淋巴腺中，尤其是鼠蹊及腋窩；症狀是淋巴腺發炎紅腫，化膿潰爛；它是最常見的鼠疫型態，被具有感染力的跳蚤咬到所致，也可經由接觸傳染。死亡率40%-70%。

(2)敗血鼠疫：感染部位是血液內具有大量鼠疫桿菌；症狀是淋巴腺阻塞衰敗，皮下發生溢血，繼而轉為黑色，因此有黑死病之稱；經由具有感染力之鼠蚤叮咬所傳染，致病力很強；受感染者難逃一死。

(3)肺鼠疫：鼠疫桿菌存在肺部；它是最危險，可以藉由接觸、咳嗽、痰液、吃到汙染的東西而傳播；死亡率90%以上。

(4)森林鼠疫：它可以感染松鼠、木鼠、鹿、小鼠及土撥鼠；接觸到患有鼠疫死去之鼠屍而感染，並不是經由鼠蚤傳播；它也可直接由人傳染給人；對人類不具很高的傳染力。

3.防治

⑴斷絕鼠糧：不讓牠有食物可吃。乾料庫房之設計應注意不能有孔洞可讓老鼠進入，食品應儲存於密閉之容器內，垃圾和廚餘應收集於有蓋之垃圾桶或廚餘桶，並按時清理桶之四周，應經常保持清潔。

⑵繼絕鼠居：就是不讓牠有住的地方。門、窗、通風口等應加裝鐵網，排水管口應加鐵柵，牆壁孔洞應注意要封口。

⑶用各種方式來捕殺：若在餐飲機構內發現有鼠糞、足印等，就應用捕鼠籠、黏鼠板來捕殺，若選用藥劑應注意如何去尋找死鼠，否則鼠體腐敗後，會造成更大的困擾。

① 天敵的利用：自然界中，貓、蛇、狒、黃鼠狼捕捉老鼠，是鼠的天敵。

② 灌水：用大量水灌入鼠穴，並於穴外放置羅網，當鼠逃逸時，可以捕殺。

③ 電殺：置通電流裝置，當鼠取食，將觸電而死。

④ 黏鼠板：用黏鼠板捕捉黏殺，但黏鼠板中央應放食物作餌，以吸引老鼠。

⑤ 紫外線燈：一種特製的黑色燈管，釋放出對夜行性動物眼睛特別敏感的長波紫色燈光，預防鼠類入侵住宅。

⑥ 藥餌毒殺：分為直接毒劑與間接毒劑。直接毒劑為急效性，只需一次量藥劑；間接毒劑為累積性的多次量藥劑，連續攝食3-9天，中毒老鼠因內出血無痛苦地死去。

⑦ 毒粉：將粉狀殺鼠劑撒於鼠洞口或鼠徑上，殺鼠劑即沾在鼠類的皮毛、腳趾上，然後藉其舔洗皮毛、足趾的習慣達滅鼠的目的。

⑧ 毒氣：以煙燻消毒是針對密閉建築物、船隻、倉庫、鼠洞內最迅速、最有效的方法，常使用的燻蒸劑如氰化鈣（$Ca(CN_2)_2$）。

⑨ 忌避劑：避免鼠類破壞家具或電線，將忌避劑濃度調至不傷害人體的程度，噴灑於易受到老鼠咬齧的器物上，保護它們免受破壞。

⑩ 化學不孕劑：一種化學品，使雌鼠或雄鼠作暫時性或永久性的停止生育，以達到滅鼠的目的。

⑪ 群眾共同防治：滅鼠要大家一起努力，才能達到效果。推廣衛生宣傳教育，「滅鼠工作，人人有責」，每戶人家都能經由一致滅自家內的老鼠，然後一地區的鼠害才得以解決。

　a. 宣傳與公共關係：滅鼠為一長久計畫，大家應成立合作才能達到滅鼠的目的。可藉由傳播媒體宣傳，或交由社區組織或機關團體，作相關知識的宣傳。

　b. 衛生教育宣傳方式：可藉由電視、收音機、宣傳插播、電影院幻燈片宣導等。

(二)蒼蠅之防治工作

1. 斷絕蠅糧：注意工作環境，地面盡量保持乾燥，工作完畢後一定要刷洗乾淨；垃圾、廚餘應有妥善之處理。

2. 餐室設備應有杜絕蒼蠅之措施：如統一麵包廠製作之場地入口、牆壁完全塗上黑漆，即設暗走道，蒼蠅就無法進入，裝設紗門、紗窗；食物經驗收完畢就收入冷藏、冷凍庫或乾料儲存庫，並將留下之魚腥味、蔬菜渣屑予以沖洗乾淨，以免產生臭味招來蒼蠅。

3. 利用捕蠅紙、捕蠅器、捕蠅燈來殺蒼蠅。

4. 四周的排水溝應定期請人來噴藥，以撲滅蒼蠅幼蟲。

(三)蟑螂之防治工作

在餐飲業中的防治蟑螂工作相當麻煩，因牠繁殖十分迅速，且本身帶有許多病原菌，像沙門氏菌，且其分泌物有特殊臭味，一旦汙染食物，不僅使食物難以下嚥，有時甚至導致食物中毒。

1. 食物進入庫房前應注意其用來盛裝之木箱是否有蟲卵。

2. 注意各種入口之管道，可加以封閉適當處理，如排水溝溝蓋應完善、不積水，定期清理排水溝。

3. 餐廳每隔半年請專人來噴藥一次，但噴藥前應妥善收藏食物及所用之餐具。

八、廚房定期自我檢查

身為餐飲機構之經理或營養師，在餐廳管理中負責督導之職責，應作自我檢查，訂定一些品質管理原則，方可提供營養美味且合於衛生之餐食。

(一)食物方面

1. 採買選購

(1)新鮮食品：一般食品之選購有一定的標準，不要貪小便宜去選用已有腐敗現象的食品，如：

① 肉類有異味，表面有黏液則應退貨。一般雞肉類可用利刀插入翅膀與雞胸之交界處，刀子取出有異味，表示已不新鮮。

② 魚類、海鮮之眼睛下陷或骨頭可由肉身拉開者，表示不新鮮。有人以海鮮類身上肢節斷了幾節來判斷其死了幾天。

③ 蔬菜水果之新鮮度，可由菜葉是否肥厚、形態是否完整來作判斷。

④ 奶類以包裝良好、無分離物、沉澱物或酸味、異味產生者為佳。

⑤ 五穀類應選購穀類堅實完整、無發霉、砂粒、無黃變米。

(2)罐頭食品或加工食品

① 應注意罐頭不能有膨罐者。

② 加工食品要注意其食品包裝完整，有完善之食品標示，如：廠名、地址、品名、內容物、食品添加物、製造時間、日期等。

2. 儲存方面

　(1)冷藏庫、冷凍庫方面

　　① 應有正確的溫度和濕度。一般情形之相對濕度在75-95%，
　　　溫度在0-7℃。

　　② 每日檢查庫房2次，以防臨時停電或電路系統受損。

　　③ 東西應有良好之存放處，在物品包裝上貼標籤，註明內容
　　　物之部位、規格、數量、進貨日期。

　　④ 所有食品不可重疊，應使空氣流通。

　　⑤ 所有食物均不可反覆解凍。

　　⑥ 定期除霜並清潔冰櫃。

　(2)乾料庫房

　　① 所有食物均以先進先出為原則。

　　② 食物放在架上應排列整齊，不可有殘渣掉於四周，應隨時
　　　清理乾淨。

　　③ 粉狀之食品應放於密閉之容器，罐頭或調味料應放於陰涼
　　　場所。

3. 供應方面

　(1)注意品質，除了色、香之外，尚要注意做出來之食物是否有異
　　味產生，若有餿掉之味道，不應供應。

　(2)員工在操作生吃的食物（如沙拉或水果派）時，是否合乎衛
　　生，是否使用熟食專用之砧板，是否戴用過即丟之手套。

　(3)冷供應之食物是否達冷藏溫度0-5℃；熱供應之食物最好保溫
　　在60℃以上。

(二)員工方面

1. 員工之外表是否合乎整潔標準：穿戴衣帽、戴髮網、剃髮鬚、不
　戴裝飾品。

2. 工作時不抽菸，及工作過程是否合乎衛生標準。

3. 員工是否健康、沒有感冒、是否沒有刀傷。

(三)餐具方面

1.是否按一定之程序：如先除去食物殘渣，再以50-60℃之熱水清洗，再泡於清潔液中，之後以80℃以上熱水泡2分鐘；洗好後是否將餐具拿到殺菌櫥殺菌。有的人在洗好後，用髒抹布擦拭，則得到反效果。

2.較好的餐飲機構應再作餐具上殘留澱粉或脂肪之檢驗。

　(1)殘留澱粉檢驗：以稀釋碘（100c.c.之水，加100c.c.之碘）放在洗好的餐具上，讓它擴及全面，若變成藍黑色，即表示有澱粉存在。

　(2)殘留脂肪檢驗：以紅色4號色素0.5公克注入100c.c.酒精，滴在餐具上擴及全面，用水輕洗，若有脂肪殘留，其該部分將變成紅色。

(四)飲用水方面

水質檢驗：

1.檢驗自由餘氯量：水樣加試藥（o-tolidine）擴散均勻後與標準色比色，若呈黃色，其比色數字就是自由餘氯量。

2.以大腸細菌檢查紙檢驗是否有大腸桿菌存在：用經過滅菌之吸管取水1c.c.注入塑膠袋後封口，放在38℃之恆溫器，過一夜後，若有大腸桿菌，則8-10小時就有紅點；若全體變紅或紅點周圍模糊，表示大腸桿菌很多。

(五)病媒防治方面

1.隨時檢查餐室角落是否有齧齒類動物之蟲卵或糞便。

2.每半年徹底清理一次，大型餐飲機構可請專人來噴藥、清除，但忌汙染到食物和餐具。

表3-4 膳食衛生管理自行檢查表

檢查項目		良好	尚可	不良	說明
一、工作人員上工前	1.是否著整齊淺色的工作衣、帽及鞋				
	2.手部是否有徹底洗淨,且不得蓄留指甲、塗指甲油及佩戴飾物等。				
	3.應每年至少接受健康檢查1次,如患有出疹、膿瘡、外傷、結核病、腸導傳染病等可能造成食品汙染之疾病,不得從事與食品有關之工作;新進員工應先體檢合格後方可從事工作。				
	4.進出廚房的門應有防治病媒設施,且需保持關閉狀態。				
二、工作中人員個人衛生	1.工作中不可有吸菸、嚼檳榔、飲食等可能汙染食品之行為。				
	2.工作中不可有蓄意長時間聊天、唱歌等可能汙染食品之行為。				
	3.每做下一個動作前,應將手部徹底洗淨。				
	4.如廁後是否有將手洗淨。				
	5.廚房內的訪客是否有適當的管理。				
	6.非工作時間內,不得在廚房內滯留或休息。				
	7.工作衣、帽是否有保持清潔。				
	8.是否有以衣袖擦汗、衣褲擦手等不良的行為。				
	9.打噴嚏時,有否以衛生紙巾掩捫,並背對著食物。				
	10.手指不可觸及餐具之內緣或飲食物。				
三、食物前處理	1.購買回來之食品,應放置架上且儘速處理,不可堆置。				
	2.蔬菜、水產品、畜產品等應分開洗滌,以避免汙染。				
	3.洗滌槽內的水應低於水龍頭的高度,以避免水倒流而汙染水源。				

	檢查項目	良好	尚可	不良	說明
	4.洗後之食物應瀝乾後再送往調理加工場所。				
	5.蔬菜之洗滌應以清潔的水浸洗後,再以流動之自來水沖洗即可將蔬菜洗淨,不可使用清潔劑來浸洗,以避免清潔劑殘留於蔬菜中。				
四、調理加工衛生	1.地板應經常保持乾燥、清潔。				
	2.應有空氣補足調節設施。				
	3.牆壁、支柱、天花板、燈飾、紗門應經常保持清潔。				
	4.應至少有2套以上之刀及砧板,以切割生、熟,且生、熟食必須分開處理。				
	5.食物應在工作檯面或置物架上,不得直接放置地面。				
	6.食物調理檯面應以不銹鋼材質鋪設。				
	7.切割不再加熱即食用之食品及水果,必須使用塑膠砧板;處理必須經加熱再行食用之食品,若使用木質者,應定期刨除砧板之上層,以避免病原菌滋生。				
	8.排油煙罩之設計應依爐灶之耗熱量為基準,且高度應適中,並有足夠能力排出所有油煙及熱氣。				
	9.排油煙設置應每日擦洗,貯油槽內不可貯油,以避免汙染食品,並防止危險事故。				
	10.冷藏溫度應在7℃以下,冷凍溫度應在-18℃以下,熱藏溫度在60℃以上,且食物應加蓋或包裝妥為分類儲存。				
	11.調理場所之照明應在200燭光以上並有燈罩保護,以避免汙染。				
	12.烹飪妥之食物應儘速供食用。如需冷藏者應先將食物分置數個不同的小容器內,並儘速移至冷藏室內儲存。				

檢查項目	良好	尚可	不良	說明
13.食物之調理必須確實完全熟透,避免外表已熟,但內部未熟之現象。				
14.不得供應生魚片等未加熱處理之水產品。				
15.供應餐盒之食品應選用水分較少,不易變質,調味上帶有酸味且製作時容易控制成品衛生狀況之菜餚,保存時間夏天不超過2小時,冬天不超過3個小時為原則。				
五、用膳衛生 1.不可聞到調理加工之烹調味道,以避免油煙汙染餐廳。				
2.配膳檯應設有防止點菜者飛沫汙染之設施。				
3.配膳檯應保持整齊、清潔,熱保溫之充填水應每餐更換;非供膳時間槽內應保持乾燥、清潔。				
4.用膳場所之桌面及地板應經常保持清潔。				
5.應使用衛生筷及採用公筷母匙,並供應衛生紙巾。				
6.配膳人員除應著整齊工作衣、帽外,並應戴口罩。				
7.應設置供消費者洗手之設施。				
8.有缺口或裂縫之餐具,不得盛放食品供人食用。				
9.用膳場所應有使用合格證明。				
10.潔淨待用之餐具應有適當容器裝盛。				
六、餐具洗滌 1.應具有三槽式洗滌設備或自動洗滌機。				
2.應具有熱水供應系統。				
3.餐具洗滌應使用食品用之清潔劑,並有良好之標示,且不得以洗衣粉洗滌。				
4.使用自動洗滌機每餐使用後,應用加壓噴槍噴洗內部,並於清洗後打開槽蓋乾燥。				
5.自動洗滌機應有溫度指示計,清潔劑偵測器等裝置。				

檢查項目	良好	尚可	不良	說明
6. 餐具洗滌後應有固定放置保存設施及場所。				
7. 調理用具洗滌後應歸回原置放處。				
七、食物選購與儲存 1. 國產罐頭食品應有衛生署登記號碼，始可購用。				
2. 所有包裝食品應包裝標示完全，而且在保存期限內使用完畢，並且以選用CAS優良肉品、優良冷凍食品及GMP食品為原則，確保品質與衛生。				
3. 生鮮肉品應採購經屠宰衛生檢查合格之肉品。				
4. 選購之食品以不具有色素為原則，避免違法使用色素之食品。如酸菜、豆腐、鹹魚、黃豆乾等應選購無含色素之產品。				
5. 原料、物料之使用，應依先進先出之原則，避免混雜使用。				
6. 倉庫應設置棧板、原物料應分類置放，並防止病媒之汙染且定期清掃。				
7. 應備有食品簡易檢查設備1套，以供隨時作採購食品之檢驗用。				
八、其他 1. 水源應以自來水為佳。凡使用地下水為水源者，應經淨水或消毒，並經檢驗合格始可使用。				
2. 廁所應與調理加工場所隔離，且應採用沖水式以保持清潔，並有漏液式清潔劑及烘乾等設備，並標示「如廁後應洗手」以提醒員工將手洗淨。				
3. 廚房及餐廳不得有病媒存在，必要時應請專業消毒公司定期消毒。				
4. 凡不需加熱而立即可食之食品應取樣1份，以保鮮膜包好，置於5℃以下保存2天以上備驗。				

檢查項目	良好	尚可	不良	說明
5.工作場所及倉庫不得住宿及飼養牲畜。				
6.應指定專門人員負責衛生管理及督導工作。必要時應加以公布，以提醒員工。				

<table>
<tr><td rowspan="1">備

註</td><td>1.請於說明欄摘註備忘事項，以供主管參考及改善之需。
2.本表如有不適當之處，得隨時自行修改，以符合實際需要。
3.本表係由行政院衛生署提供，供作供應團體膳食衛生管理自我檢查用，請確實執行，以提高貴單位食品之衛生水準，減少疾病發生，確保人員健康。</td></tr>
</table>

附 記	1.三槽式餐具洗滌殺菌方法如下： 　⑴刮除餐具上殘留食物，並用水沖去黏於餐具上之食物。 　⑵用溶有清潔劑之水擦洗，此時水溫以40-45℃溫更佳（第一槽式）。 　⑶用流水沖淨（第二槽式）。 　⑷有效殺菌（第三槽）。 　⑸烘乾或放在清潔衛生之處瀝乾（不可用抹布擦乾）。 　⑹用清潔劑及水徹底洗淨各洗滌殺菌槽。 2.有效殺菌方法係指採用下列方法之一殺菌者而言： 　⑴煮沸殺菌法：溫度攝氏100℃，時間5分鐘以上（毛巾、抹布等），1分鐘以上（餐具）。 　⑵蒸氣殺菌法：溫度攝氏100℃，時間10分鐘以上（毛巾、抹布等），2分鐘以上（餐具）。 　⑶熱水殺菌法：溫度攝氏80℃以上，時間2分鐘以上（餐具）。 　⑷氯液殺菌法：氯液之餘氯量不得低於百萬分之二百，浸入溶液中時間2分鐘以上（餐具）。 　⑸乾熱殺菌法：溫度攝氏85℃以上，時間30分鐘以上（餐具）。

備 考	

第三節　民宿特色餐點

　　客人至民宿遊玩休息主要是要享受與旅館不同的特色，餐點的設計可依民宿坐落的地點來作特色餐的設計。以南投鹿谷小半天地區為例，南投鹿谷小半天的特產為凍頂烏龍茶、竹炭、筍，稱為小半天的三寶，因此由行政院農委會委託以此三寶為食材設計了三食材的菜色，現以三寶為食材製作了下列的食譜。

壹、烏龍茶菜單

一、茶香蝦

1.菜　　名：茶香蝦
2.份　　數：5人份
3.材　　料：白蝦300公克、發泡茶葉100公克、紅棗10公克、枸杞10公克
4.調味料：茶湯600公克、雞粉6公克、冰糖40公克、紹興酒150公克
5.作法
　　⑴白蝦燙熟後冷卻。
　　⑵調味料（茶湯、雞粉、冰糖、紹興酒）煮開加入紅棗、枸杞冷卻。
　　⑶白蝦放入調味料浸泡4小時即完成。
6.產品特色：利用紹興酒的香與茶葉的醇，帶出蝦的鮮美，茶香中帶有酒香，蝦肉甜美，吃出味覺上的層次。

二、烏龍茶繡球

1.菜　　名：烏龍茶繡球
2.份　　數：5人份
3.材　　料：蝦仁300公克、香菜1根、芹菜1根、蔥2支、烏龍茶20公克、紅蘿蔔200公克、香菇200公克、魚板半條
4.調味料：雞粉1茶匙、胡椒粉1/2茶匙、糖1茶匙、高湯半碗

5. 作法
   (1)將蝦仁洗淨後切成泥，加香菜、芹菜、蔥末、烏龍茶末一起攪拌後加雞粉、胡椒粉、糖入味備用。
   (2)紅蘿蔔、香菇、魚板切絲，將蝦仁做成球，將紅蘿蔔絲、香菇絲、魚板絲沾在球表面成繡球，入蒸鍋蒸6分鐘備用。
   (3)高湯調味好後加入太白粉水勾芡，淋在繡球上即可。
6. 產品特色：蝦仁甜加上烏龍茶甘一起吃下會有回甘感，加上顏色亮，有湯汁口感。

三、茶香魚丁

1. 菜　名：茶香魚丁
2. 份　數：5人份
3. 材　料：鯛魚肉200公克、日本山藥丁120公克、細柴魚絲5公克、海苔絲2公克、小黃瓜絲15公克、紅甜椒絲10公克
4. 調味料：茶湯300公克、味霖150公克、米酒15公克、柴魚醬油50公克、鹽、太白粉、蛋白
5. 作法
   (1)鯛魚肉切丁，用鹽、太白粉、蛋白醃後燙熟備用，山藥丁汆燙備用。
   (2)杯中底層依序放上山藥丁、鯛魚肉、小黃瓜絲、細柴魚絲、海苔絲、紅甜椒絲。
   (3)調味料（茶湯、味霖、米酒、柴魚醬油）煮滾淋上即可。
6. 產品特色：養生概念的山藥，搭配魚肉及茶湯，具有日式和風之韻味。

四、茶香花枝

1. 菜名：茶香花枝
2. 份　數：5人份
3. 材　料：花枝300公克、洋蔥絲100公克、泡發茶葉30公克、蔥花30公克、辣椒末10公克
4. 調味料：茶湯200公克、魚露50公克、糖10公克、米酒30公克、醬油40公克

5.作法
　　⑴花枝去皮切花刀氽燙備用。
　　⑵洋蔥絲泡冰水取出放入盤中後，依序放上花枝，蔥花、辣椒末。
　　⑶調味料（茶湯、魚露、糖、米酒、醬油）煮開淋上花枝。
　　⑷熱油淋放蔥花即完成。
6.產品特色：魚露的鮮鹹搭上茶湯而成的醬汁，淋上熱油的軟絲，留下令人回味的喉韻。

五、茶香鴨肉

1.菜　　名：茶香鴨肉
2.份　　數：5人份
3.材　　料：鴨胸肉300公克、洋蔥絲240公克、鳳梨片100公克、水蜜桃罐頭100公克、青花菜50公克
4.調味料：茶湯300公克、味霖150公克、米酒50公克、醬油50公克
5.作法
　　⑴鴨胸肉用鍋煎兩面金黃後蒸熟備用。
　　⑵調味料（茶湯、味霖、米酒、醬油）煮滾備用。
　　⑶青花菜燙熟圍入盤邊，依序放上洋蔥絲、鳳梨片、水蜜桃切片、鴨胸肉切片放上。
　　⑷淋上醬汁，放上泡發茶葉即完成。
6.產品特色：利用茶湯調味的醬汁搭配鴨胸及水果，去腥解膩並帶出茶香風味。

六、烏龍果粒蝦球

1.菜　　名：烏龍果粒蝦球
2.份　　數：5人份
3.材　　料：蝦仁400公克、沙拉醬1條、烏龍茶粉50公克、白芝麻1大匙、鳳梨罐半罐、水蜜桃罐半罐、蛋2個、太白粉100公克
4.調味料：玉米粉100公克、吉士粉100公克、奶球1個
5.作法
　　⑴將蝦仁洗淨去沙腸，鳳梨、水蜜桃切塊排入盤中備用。

(2)沙拉醬加奶球、烏龍茶粉一起攪拌備用。

(3)蛋加入太白粉、玉米粉、吉士粉一起攪拌均勻，沾蝦仁入油鍋炸至金黃色撈出，吸油後和沙拉醬拌一起，放入鳳梨、水蜜桃，上淋芝麻即可。

6.產品特色：清爽感覺，適合夏天供餐。

七、茶香鱈魚

1.菜　　名：茶香鱈魚

2.份　　數：5人份

3.材　　料：烏龍茶50公克、鱈魚400公克、白米50公克、糖50公克、麵粉5公克、蜂蜜20公克

4.調味料：沙拉醬半條、烏龍茶粉50公克、胡椒粉10公克

5.作法

(1)將鱈魚洗淨放蒸鍋蒸熟備用。

(2)烏龍茶打末加入沙拉醬做成沾醬備用。

(3)烏龍茶打末加入胡椒粉做成沾醬備用。

(4)將鋁箔紙放入鍋中加入白米、麵粉、糖、烏龍茶放鐵網再放蒸好鱈魚蓋上鍋蓋煙燻5分鐘，排入盤中即可。

6.產品特色：煙燻香味和烏龍茶香味一起，烏龍茶甘加上沙拉醬做醬汁，做出創意口感。

八、茶香豬排

1.菜　　名：茶香豬排

2.份　　數：5人份

3.材　　料：烏龍粉50公克、地瓜粉100公克、豬排600公克、蒜頭5粒、生菜半個約200公克

4.調味料：醬油1大匙、糖1茶匙、胡椒粉1/2茶匙、酒1大匙、烏醋1茶匙、香麻油1/2茶匙

5.作法

(1)豬排加入蒜頭泥、酒、黑醋、胡椒粉、糖、醬油醃製入味。

(2)豬排沾地瓜粉入油鍋炸至金黃。

⑶生菜切絲後排入盤中，將炸好豬排切塊，排上生菜淋烏龍茶粉即可。

6.產品特色：色香味俱全。

九、茶凍

　　1.菜　　名：茶凍

　　2.份　　數：5人份

　　3.材　　料：茶湯960公克、吉利丁20公克、哈蜜瓜（黃）30公克、火龍果30公克、哈蜜瓜（綠）30公克

　　4.調味料：糖85公克

　　5.作法

　　⑴將茶湯、吉利丁與糖混合煮開後，倒入模型杯放入冰箱冷卻。

　　⑵將水果放上即完成。

6.產品特色：烏龍茶凍Q滑彈牙口感，搭配時令水果，回甘鮮甜，吃得到自然新鮮與茶香。

十、三味茶鍋餅

　　1.菜　　名：三味茶鍋餅

　　2.份　　數：5人份

　　3.材　　料：紅豆泥100公克、綠豆泥100公克、黃豆泥100公克、蛋4個、中筋麵粉200公克、烏龍茶粉50公克

　　4.作法

　　⑴紅豆泥、綠豆泥、黃豆泥壓成長片形備用。

　　⑵蛋加入烏龍茶粉、中筋麵粉打成糊後用鍋子煎成蛋餅，將紅豆泥放入包起來煎成金黃色。

　　⑶紅豆泥煎一塊、綠豆泥煎一塊、黃豆泥煎一塊後排成三味餅切塊形排入盤中。

5.產品特色：甜而不膩。

貳、竹炭菜單

一、竹炭雞蓉羹

1. 菜　　名：竹炭雞蓉羹
2. 份　　數：5人份
3. 材　　料：雞胸肉1塊、花枝漿200公克、蛋白100公克、玉米粉50公克、香菇50公克、蟹肉棒50公克、筍子50公克、翡翠50公克
4. 調味料：柴魚粉1大匙、雞粉1大匙、糖1大匙、胡椒粉1/2茶匙、竹炭粉1大匙
5. 作法
   (1)將雞胸肉去筋放果菜機打泥，加入蛋白、玉米粉、竹炭粉、花枝漿、水打成糊用熱水汆燙、泡水備用。
   (2)香菇、蟹肉棒、筍子切丁一起汆燙備用。
   (3)鍋中加入1,200cc水煮開加入調味料煮出味，將全部食材放入翡翠勾太白粉水即成。
6. 產品特色：清爽可口。

二、竹炭南瓜布丁

1. 菜　　名：竹炭南瓜布丁
2. 份　　數：5人份
3. 材　　料：雞蛋500公克、竹炭60公克、椰漿半罐、奶水250公克、細砂糖20公克、玉米粉10公克、起士粉10公克、香草粉10公克
4. 調味料：冰水350公克
5. 作法
   (1)將南瓜切開去子後底部切平備用。
   (2)全部材料放入容器中打散均勻，放南瓜中入蒸籠蒸30-40分鐘放入冰中冷卻後，切片排入盤中。
6. 產品特色：具滑嫩感，成品入口即化。

三、如意蝦捲

1. 菜　　名：如意蝦捲
2. 份　　數：5人份
3. 材　　料：蝦子10支、蘋果1個、奇異果2個、水蜜桃罐頭半罐、生菜半個、小黃瓜1條、蘆筍10支、蛋5個
4. 調味料：沙拉醬1條、三島香鬆半罐、太白粉1大匙、竹炭1大匙
5. 作法
   (1) 將蝦子去殼氽燙，蘆筍氽燙泡冰水，蘋果、奇異果、水蜜桃去皮切條備用。
   (2) 蛋打入碗中加入1大匙竹炭粉、1大匙太白粉水放入攪拌均勻，用炒鍋煎成蛋皮後冷卻備用。
   (3) 生菜切絲泡冰水，小黃瓜切片排入盤中備用。
   (4) 將蛋皮和切好水果材料、沙拉醬、三島香鬆捲成長條切成小段排入盤中。
6. 產品特色：蛋加入竹炭顏色搶眼好看，吃入口中產生香濃水果香，加上沙拉醬時，味道更香甜好吃。

四、竹炭花枝丸羹

1. 菜　　名：竹炭花枝丸羹
2. 份　　數：5人份
3. 材　　料：花枝漿300公克、竹炭粉1大匙（15公克）、紅蘿蔔絲20公克、洋蔥絲50公克、高麗菜絲50公克、蒜頭酥10公克、香菜5公克、水2,000公克
4. 調味料：柴魚粉30公克、雞粉15公克、白胡椒粉15公克、烏醋80公克、香油30公克、蛋白50公克、玉米粉50公克、太白粉水100公克
5. 作法
   (1) 花枝漿加入蛋白、竹炭粉、玉米粉拌勻後捏成小丸子放入滾水中煮至浮起，取出備用。
   (2) 鍋中炒香紅蘿蔔絲、洋蔥絲、高麗菜絲後加入水煮滾。
   (3) 放入竹炭花枝丸與所有調味料。

(4)最後加上蒜頭酥及香菜即完成。

6.產品特色：利用竹炭粉給予傳統花枝丸全新不同風貌，搭配傳統羹湯口味，創造新的視覺與味道。

五、竹炭地瓜慕斯

1.菜　　名：竹炭地瓜慕斯

2.份　　數：5人份

3.材　　料：地瓜600公克、動物鮮奶油500公克、鮮奶500公克、煉奶200公克、吉利丁片六片（24公克）、竹炭粉一大匙（15公克）、火龍果丁50公克、薄荷葉適量

4.作法

(1)地瓜去皮蒸熟搗成泥狀後另加入約100cc鮮奶油，做成具幕斯口感的地瓜泥。

(2)吉利丁片泡冰水軟化。

(3)動物鮮奶油、鮮奶、煉奶、竹炭粉煮滾（不加水）加入泡軟吉利丁片。

(4)杯中底部放入地瓜泥、倒入竹炭奶酪，冰6小時。

(5)放上火龍果丁及薄荷葉裝飾即完成。

5.產品特色：成品入口即化，適合作甜點。

參、各式醬汁調配

為了增加菜單口味多元化，可製備不同味醬汁，將蔬菜經汆燙後，將醬汁淋到菜餚上。

一、芝麻醬

1.菜　　名：芝麻醬

2.份　　數：5人份

3.材　　料：芝麻醬600公克、蒜泥75公克、香菇精35公克、香油130公克、辣油35公克、白醋50公克、糖130公克、金蘭醬油300公克

4.調味料：冰水80公克

5.作法

　　(1)蒜頭切末加入鍋子中，將芝麻醬、香菇精、香油、辣油、白醋、糖、金蘭醬油全部材料加入後，冰水慢慢加入攪拌均勻即可。

　　(2)醬汁要濃水要加少，要稀加水要多。

二、和風醬

1.菜　　名：和風醬

2.份　　數：5人份

3.材　　料：白醋600公克、金蘭淡色醬油400公克、沙拉油200公克、糖6大匙（湯）、白芝麻4匙（圓）、香油200公克

4.作　　法：將白醋、金蘭淡色醬油、沙拉油、糖、香油入鍋煮到糖溶化後冷卻，加上白芝麻切末入醬汁中即可。

三、蒜蓉醬

1.菜　　名：蒜蓉醬

2.份　　數：5人份

3.材　　料：蒜泥190公克、香菇精75公克、白醋37公克、紅砂糖190公克、辣油100公克、金蘭油膏1,200公克、開水340公克、香油100公克

4.作法

　　(1)將蒜泥加入碗中放香菇精、白醋、紅砂糖、辣油、金蘭油膏、香油全部材料一起攪拌均勻即可。

　　(2)開水注意分量。要濃水要加少，要稀加水要多。

四、五味醬

1.菜　　名：五味醬

2.份　　數：5人份

3.材　　料：番茄醬750公克、醬油膏100公克、醬油50公克、B.B醬50公克、糖150公克、黑醋50公克、香菇醬75公克、白醋50公克

4. 調味料：老薑50公克、蒜頭50公克、辣椒50公克、梅子4粒
5. 作法
   ⑴將老薑、蒜頭、辣椒，打成泥備用。
   ⑵梅子泡水去子、皮，切末加入番茄醬、醬油膏、醬油、B.B醬、糖、黑醋、香菇醬、白醋全部材料攪拌均勻即可。

肆、海鮮食譜

如果到漁港邊的民宿可作海鮮特餐，現介紹幾種海鮮食譜：

一、麻油虱目魚湯

㈠材　料：虱目魚1斤。
㈡調味料：老薑2兩、黑麻油2大匙、枸杞1大匙、米酒1大匙。
㈢製作過程：
  1. 虱目魚處理時，先刮除細鱗片及腹部內壁汙黑部分，去除魚身泥腥味。
  2. 熱鍋，用黑麻油起鍋，把魚身兩面煎香，再放入老薑乾煸，滴酒數滴，放清水，下魚用中小火慢滾，放些許枸杞，調鹽、味精少許，再滾片刻，使湯肉成親和作用後再加1大匙米酒、1茶匙黑麻油增香即可。
㈣滾湯訣竅：
  1. 滾湯勿用大火，保持湯色清澈，亦可添加排骨不放味精來增鮮味，枸杞略帶甜味，可緩和麻油焦燥味。
  2. 黑麻油為燥熱性調味品，女性產後服食可促進子宮收縮，快速恢復體力、補身、補血。
  3. 食用虱目魚可大量取食腹部組織，因魚骨少，肉質油滑，魚肚也可清蒸烹調。

二、芙蓉蒸魚片

㈠材　料：吳郭魚1斤、蛋2個、薑1塊、蔥2根、奶水2大匙。
㈡醃　料：鹽1小匙、酒1大匙。
㈢高湯汁：高湯4大匙、蠔油1/2匙、太白粉1小匙、麻油1大匙、胡椒粉

1小匙。

(四)製作過程：

1.吳郭魚去內臟洗淨後，把兩側肉取下，切除頭尾擺盤。

2.魚肉切骨牌狀，用少許鹽、酒，醃片刻，再以魚頭尾擺盤。

3.用蛋2個，加水1/2杯、奶水2大匙、鹽1/4小匙，拌勻後用過濾網濾淨，把蛋汁倒入魚盤中，用中小火蒸8分鐘取出，淋上湯汁即可。

三、涼瓜金線牽

(一)材　　料：金線魚1斤或半斤2尾皆可，涼瓜（苦瓜）半斤。

(二)調味料：薑末、蔥末、蒜末、紅椒各1大匙、豆豉1兩、蠔油、麻油各1大匙。

(三)製作過程：

1.金線魚處理後，用少許鹽醃10分鐘。

2.苦瓜切骨牌狀（約長4公分寬2公分），豆豉泡水洗淨備用。

3.鍋中放油，把苦瓜過油炸數10秒鐘取出，再炸金線魚至外表層酥脆，約4成熟撈起。

4.鍋中爆香豆豉、薑、蔥、蒜放入苦瓜先燜數分鐘後，觸感微爛，再加入魚一起燜，調少許蠔油、味精之後，把苦瓜撈起裝盤，金線魚放上面，湯汁勾茨，淋麻油，澆淋在魚身表層即可。

5.此湯汁入口微苦，下喉甘甜，瓜肉和魚肉一定要燜至酥爛方可。

四、豆瓣燜烏魚

(一)材　　料：烏魚1斤、絞肉2兩

(二)調味料：豆瓣醬、酒釀、薑末、蔥末、蒜末各1大匙

(三)製作過程：

1.烏魚沾少許太白粉，用165℃油溫炸脆，倒油取出。

2.鍋中爆香絞肉，放入酒釀、豆瓣醬再次爆香，放薑、蒜末，加入高湯，放入烏魚微燜片刻，調少許味精、糖、醬油，此時魚身熟透，肉質軟滑，先把魚鏟出放盤，湯汁再最後作決定性調味整合勾茨，淋麻油、灑胡椒粉、蔥花，澆淋在魚上面即可。

(四)烹調重點：

1.燜：一般是將材料用油加工成半製品後，加少量湯及若干調味品，

再蓋緊鍋蓋，以微火煮成柔軟，此法所作的菜餚，湯濃味厚。

2. 烏魚雄性肉組織發達，宜用燜燒、蒸燉；雌性烏魚產卵腺豐富，烏魚卵為珍貴海味，為高價值料理。

五、刈菜子扒燉烏格

(一)材　料：烏格1斤、刈菜1斤、小排切塊4兩、薑片4片、枸杞2兩。

(二)製作過程：

1. 刈菜切不規則狀，切除葉脈部分，放入水中氽燙洗淨擺入湯盅。

2. 小排骨和烏格切大塊一起氽燙後，依序排列在刈菜上面放入薑片、枸杞、鹽和清水，用玻璃紙密封入籠，用大火蒸100分鐘，取出滴酒數滴即可。

六、富貴魚球

(一)材　料：草魚1斤、紅毛丹1罐、蛋2個。

(二)調味料：沙拉醬1大匙、蛋黃1個、煉奶1/2大匙。

(三)製作過程：

1. 草魚去內臟洗淨處理後，把兩側魚肉取下，切成長片狀，用少許蛋液、鹽、胡椒粉醃過再沾太白粉，入油鍋用6分熱（150℃）炸熟後取出。

2. 紅毛丹罐頭把肉用開水小煮一下後，取出滴乾湯汁和炸熟魚球一用調味料拌勻即可。

七、蒜茸草蝦

(一)材　料：活草蝦12兩。

(二)調味料：清水、紅蔥頭各1大匙、蒜仁1兩、米酒1/2匙以上4者用果汁機打勻後，調入蠔油1/2大匙、糖、胡椒粉各1大匙、味精、鹽各1/2小匙、麻油1大匙。

(三)製作過程：

草蝦切除頭部、大對腳及長鬚，每4隻一組，放在砧板上排列好，用片刀由頭部中間平切，片至尾部教刀，借尾扇來牽制兩端蝦肉，再依序兩端拉開手擺入盤淋上調味料，用大火蒸3分鐘取出灑蔥花，淋

165℃之滾油即可。

㈣蒸法訣竅：

　　火侯不宜太小，蒸氣若低於120℃，則肉質不結實，若蒸的時間過長，則肉質老硬。

八、吉利魚排

㈠材　　料：紅魡6兩、麵粉4兩、麵包粉4兩、蛋2個、沙拉醬2兩。
㈡醃　　料：鹽1小匙、酒1小匙、胡椒粉1小匙、麻油1大匙。
㈢沾　　料：沙拉醬3大匙、工研醋1/2大匙、番茄醬1/2大匙。
㈣製作過程：

　　1.紅魡去外皮，切長6公分，寬4公分之厚片，用少許鹽酒、胡椒粉、麻油醃15分鐘。

　　2.魚片先沾麵粉後，再沾蛋液，再沾麵包粉。

　　3.鍋中燒油至145℃之高溫，下魚排炸1分鐘至金黃取出擺盤，食用時可沾料。

九、腐竹燒鯉魚

㈠材　　料：鯉魚20兩、腐竹3兩。
㈡調味料：薑片4片、燒肉3兩、蔥段5段、柱侯醬1大匙。
㈢製作過程：

　　1.鯉魚保留鱗片和魚膘、魚卵處理後，放入油鍋中用猛火約180℃炸脆外表層備用。

　　2.腐竹放入油鍋中用145℃油溫，炸鬆後取出，放入水中泡軟後，取出切2吋長段備用，薑、蔥也切長段備用。

　　3.鍋中放入少許油，爆香薑、蔥、柱侯醬，滴酒數滴，下高湯後，放入鯉魚、腐竹和燒肉，用中小火煮20分鐘，取出材料放入盤中，稍微整飾一下，此時鍋中湯汁加入料，放少許醬油、味精、細糖勾薄芡、灑胡椒粉、淋麻油，再澆淋在作料表層即可。

㈣重點訣竅：

　　1.公魚吃膘、母魚吃卵，鱗片經油炸後鬆化入口。

　　2.腐竹入湯燜之前，可先放入水中汆煮片刻再取出搭配，因腐竹久煮

不爛。

3.燜好湯汁，需為作料和香味產生一種親和效果，方為上乘佳作。

十、草根味烤黃雞

(一)材　　料：三線石鱸魚20兩，香菇2朵、五花絞肉、鹽味冬瓜各2兩、蒜1大匙。

(二)調味料：草根味滷肉汁、五花絞肉爆香後，加香菇末、鹽味冬瓜、大蒜，加1大匙醬油、2杯水、滷2小時即可。

(三)製作過程：

1.三線石鱸去內臟洗淨處理後，用少許鹽、酒醃10分鐘備用。

2.鍋中燒熱，用少許油抹鍋，把魚身放入靠住鍋底，加熱靠熟一邊，再靠另一邊。等魚身全熟，放入盤中，再澆淋肉汁即成。

(四)靠法竅門：

靠之烹調法，此煎法更清爽嫩口、不油膩，肉質鮮與草根味滷肉汁搭配，外香裡嫩，魚肉湯汁各行其味，風味獨樹一格。

十一、生炒透抽

(一)材　　料：透抽1斤、綠花椰菜1斤、薑片4片、蔥段5段、蒜屑1大匙。

(二)調味料：高湯、太白粉、麻油各1大匙、味精、胡椒粉各1小匙、糖、鹽各1/2小匙。

(三)製作過程：

1.透抽去外膜內臟洗淨，由內側斜刀45度交叉切、成龍紋狀。

2.綠花椰菜切除老莖，切小朵狀，放入鹽水中泡洗，取出入鍋中，加調味炒熟、勾薄茨使湯汁入味再擺盤。

3.把透抽放入油中，用125℃溫油泡熟，鍋中爆香薑、蔥、蒜，再下調味料滴酒數滴，一起快速拌炒，起鍋放入綠花椰菜中即可。

十二、香露蒸尼羅

(一)材　　料：紅尼羅魚20兩。

(二)調味料：魚露汁、高湯4大匙，魚露、蠔油各1小匙，胡椒粉1小匙、麻油1大匙。

㈢製作過程：

1. 紅尼羅魚處理後，用少許鹽、酒醃10分鐘備用。
2. 薑、蔥各切細絲，拌勻後備用。
3. 把尼羅魚放入盤中，表層放薑片、蔥段、滴酒後放入蒸籠蒸8分鐘取出，倒乾盤中湯水，重新加入魚露汁，放薑、蔥絲、油加熱至165℃，澆淋於魚身上即成。
4. 蒸魚訣竅：蒸魚時，淡水魚要醃調味料，海水魚可省略。蒸魚時要用原盤蒸，用原盤之熱度可達到保溫除腥之效果，因蒸魚之湯水帶有蒸氣水滴及魚腥雜味，所以不用。

十三、糟醬大烏鯧

㈠材　料：烏鯧20兩、紅酒糟3大匙、老薑1塊、黃酒1大匙、蛋白1個、玉米粉2大匙。

㈡製作過程：

1. 烏鯧由背鰭兩側切開，把魚肉取下，切長6公分寬3公分之長形塊狀後，用少許蛋白、鹽、玉米粉醃片刻。
2. 用125℃之油溫把魚塊泡熟取出，鍋中爆香老薑、紅酒糟、黃酒1大匙，水3大匙調勻後放入鯧魚燜熟，加1茶匙糖和麻油少許，勾芡起鍋即成。

㈢烏鯧肉質豐厚，屬經濟魚類，適合紅燒、紅燜、清蒸等。

㈣何謂糟醬：用酒糟作主要調味料，把各種主材料用鹽漬後，經泡油小燙或蒸熟的過程，加入酒糟乾燒。因本身富含鹽性，故調味只需加糖、酒、香料混合烹調，再將湯汁用微火熬濃收漿即可。

十四、乾燒馬頭魚

㈠材　料：馬頭魚12兩、薑、蔥、味噌2兩、米酒。

㈡醃料醬：米酒2大匙、調入味噌醬拌勻。

㈢製作過程：

1. 馬頭魚去內臟洗淨處理後，拌入醃料醬拌勻，醃20分鐘備用。
2. 薑切長薄片，蔥切段，各4公分長備用。
3. 鍋底燒熱，放少許油熱鍋，再把馬頭魚放入，兩面煎酥再放薑、蔥

爆香，滴酒數滴下高湯，調少許醬油、糖用強火煮沸，改用中火燜，最後改用大火，使魚汁產生濃膠質即成。

4.馬頭魚含脂肪多，肉味鮮美，適合乾燒、煎、燉、燜、炸等作法。

(四)何謂乾燒：乾燒也是以水為加熱體的烹調法，一般先將材料用煸、煎、炸、蒸先作初步熟處理，然後加調味料，湯或水，用強火煮沸，蓋緊鍋蓋，改用中火或弱火慢熬，最後改用強火，此湯汁即成膠質狀。味道甘醇，濃香四溢。

十五、豆酥四破

(一)材　料：四破魚1斤、豆酥2兩、蝦米1小匙、蒜末1大匙、蔥末1大匙、薑末1大匙、花生油。

(二)調味料：高湯3大匙、魚露、蠔油各1大匙，胡椒粉1小匙、麻油1大匙。

(三)製作過程：

1.四破魚洗淨，鍋中爆香薑、蔥、酒，加水10杯，鹽1大匙，滾沸後，把魚放入15分鐘泡熱取出裝盤。

2.豆酥、蝦米混合用刀剁碎後放入油鍋中，用3大匙花生油燒滾油炸（約140℃），至豆酥香味溢出，加蒜末拌勻後澆淋在四破魚上，周邊淋調味料，灑蔥花即成。

(四)軟溜絕竅

1.軟溜：此法常用於質感綿細之魚類，經高溫沸水浸泡不但可使肉質滑口，更可保持魚肉中水分。

2.豆酥：豆酥乃黃豆經加工醃晒的一種調味香料，油炸時油溫不宜過高，以免產生焦苦味。

十六、茶香燕尾鯧

(一)材　料：燕尾鯧20兩、檸檬1個、芹菜、番茄、蒜頭、香菜、蔥、茶葉。

(二)醃料汁：檸檬2片，番茄、芹菜、蔥、蒜、香菜，茶葉水2大匙，米酒醬油、糖、鹽各1/2小匙，番茄醬2大匙、胡椒粉、麻油各1小匙。

(三)製作過程：
  1. 鯧魚處理洗淨後用乾布擦乾魚身水分，兩側各切花刀，用醃料汁醃
     2小時備用。
  2. 烤盤中放蔥段，把魚身放在上面入烤箱用250℃烤20分鐘後，用茶
     葉紅糖燒出煙燻，熗燻魚身增香即可。食用時可沾沙拉醬。
(四)煙燻竅門：
  1. 勿煙燻過久以防苦味附著魚肉，有倒味之覺。
  2. 一般亦可用松木屑或甘蔗渣皆可。

十七、豆瓣蒸鰱魚

(一)材　料：鰱魚20兩、板油2兩、辣豆瓣1大匙、蒜、薑、蔥、紅椒。
(二)調味料：高湯1大匙、味精1/2小匙、糖1/2小匙、太白粉1大匙、麻油
         1大匙。
(三)製作過程：
  1. 鰱魚洗淨處理後，用少許胡椒粉、鹽醃片刻。
  2. 板油切細丁，蒜、薑、紅椒切碎末狀，再加入調味料中拌勻。
  3. 鰱魚兩側各切花刀，放入盤中，用竹筷墊高，以便入籠蒸時，蒸氣
     能上下流通，使肉質易熟。
  4. 把調味料淋在魚的外表，即可蒸12分鐘，取出後灑蔥花、淋麻油即
     成。

十八、酥炸銀魚

(一)材　料：銀魚4兩、蛋1個、太白粉1/2杯、花椒粉、鹽各1大匙。
(二)製作過程：
  1. 採買銀魚要留意新鮮度，鮮度不夠、肚皮破裂有礙觀瞻。
  2. 銀魚洗淨後，滴乾水分沾少許蛋白，沾太白粉，下油鍋用6分熱炸
     成金黃色取出。食用時可沾椒鹽（因銀魚肉質細膩，鮮味足可不必
     用調味料來醃）。

十九、西洋菜汆魚丸

㈠材　料：巴鰹1斤、西洋菜半斤、薑2片、草菇4兩、蔥2根、香菜、蛋白1大匙、板油4兩、陳皮1片、玉米粉1大匙。

㈡製作過程：

1. 巴鰹肉洗淨取出肉質，片下魚皮留淨肉，和板油一起絞碎拌勻。
2. 把肉茸加少許鹽用力拌打數分鐘成魚漿後，加味精、糖再次拌打，最後加入薑、蔥、香菜、陳皮末、蛋白、玉米粉輕輕拌勻。
3. 鍋中燒開高湯，水滾後用手擠成肉丸狀入鍋中，滾煮中間一起加入西洋菜和草菇片調少許味，除去湯面雜質，淋麻油、放胡椒粉起鍋即可倒入湯碗中。

㈢汆法說明：汆是將湯或水用強火煮沸，將切成片、絲、條的材料放進，再加調味品，但不勾芡煮開後從鍋中取出，因巴鰹肉質豐厚、骨少，可適用此法烹調。

二十、串燒果粒赤鯮

㈠材　料：赤鯮魚12兩、葡萄柚1個、香芹粉、蒜粉、辣椒粉、丁香粉各1大匙，鐵串一枝，廢棄鍋一個、烤肉網。

㈡調味料：香芹粉、蒜粉、辣椒粉、丁香粉輕拌後，鹽先放入鍋中炒香，再拌入各式粉中攪拌即可。

㈢製作過程：

1. 赤鯮魚去內臟洗淨處理好，用鐵針由尾部串入，經身軀由頭部串出。
2. 廢棄鍋放入爐火中燒紅，鍋面架上烤肉網，再把串好的魚串擺好，此時在背鰭及尾部灑少許精鹽，烤8分鐘，眼睛瞳孔露出白球即熟，放入盤中在表層灑調味料。
3. 葡萄柚切下每一瓣，把肉粒用竹筷輕輕挑起，拌入少許鹽，放在魚的表面裝飾點綴。

第四節　山坡地水土保持

　　從民國40年起，行政院農委會創辦水土保持工作，減少土壤沖蝕，提高山坡地生產力。經過了57年的歲月，由於人口快速成長，都市人口增加，土地利用接近飽和，為求生計，山坡地種植高山茶、檳榔、高冷蔬果情況嚴重，臺灣土地地勢凌峻，河川短、水流急，遇到地震、颱風，易造成土石沖刷。

　　山坡地係指國有林事業區，試驗用林地及保安林地以外，經中央主管機關參照自然形勢、行政區域或保育、利用之需要，就標高在100公尺以上，或標高未滿100公尺，平均坡度在5%以上者。至於水土保持係指應用工程、農藝或植生方法，以保育水土資源，維護自然生態景觀及防治沖蝕。

一、專業技師簽證

　　民宿的土地有些屬於山坡地，其水土保持之處理與維護在下列種類及規模需由水土保持專業技師簽證：

(一)從事水區之治理，防止海岸、湖泊及水庫沿岸或水道兩岸之侵蝕或崩塌，沙漠、沙灘、沙丘或風衝地帶之防風定沙及災害防護，都市計畫範圍內保護區之治理，其水土保持之處理與維護費用在新臺幣2,000萬元以上者。

(二)農、林、漁、牧地之開發利用：

　　1.於山坡地或森林區內修築農路。

　　2.於山坡地或森林區內開挖整地或整坡作業面積在2公頃以上者。

(三)於山坡地或森林區內開發、經營或使用行為：

　　1.開發建築用地，建築面積在500平方公尺以上者。

　　2.開發高爾夫球場，設置公園、公墓、遊憩用地、運動場或廢棄物處理場者，在《水土保持法》第12條、13條及《施行細則》第8條規定，在下列種類需擬訂水土保持計畫。

⑴於山坡地或森林區內從事農、林、漁、牧地之開發利用所需之修築農路，開挖整地或整坡作業。

⑵於山坡地或森林區內遊憩用地。

二、簡易水土保持申報書之適用範圍

《水土保持計畫審核及監督要點》第37點、第38點、第43點及第44點規定，經主管機關認定得以簡易水土保持申報書替代水土保持計畫者如下：

㈠於山坡地內從事農、林、漁、牧之開發利用所需之修築農路、開挖整地或整坡作業，其規模未滿《水土保持法施行細則》第4條規定者。

　1.條築農路：路基寬度未滿4公尺，且長度未滿500公尺，或路基總面積未滿2,000平方公尺者。

　2.開挖整地或整坡作業：面積未滿2公頃者。

㈡於山坡地內依法得為建築用地、農舍、農業設施開挖整地，其規模未滿《水土保持法施行細則》第4條規定者，或政府機關、公營事業機構及公法人改善或維護既有道路者。

　1.依法得為建築用地：依區域計畫法、都市計畫法及建築法規定，得申請建築執照，其建築面積（建築用地）未滿500平方公尺者。

　2.農舍：其開挖整地挖填土石方未滿5,000立方公尺者。

　3.農業設施：廣義的農業設施範圍非常廣，包括農業設施、畜牧設施、養殖設施、農產品運銷設施、林業設施等，比照農舍辦理。

　4.休閒農業設施：依據行政院農業委員會修訂《休閒農業輔導辦法》第16條及第18條規定辦理。

　5.堆積土石：土石方未滿5,000立方公尺者。

　6.修築道路：路基寬度未滿4公尺，且長度未滿500公尺，或路基總面積未滿2,000平方公尺者。

　7.其他開挖整地：挖填土石方未滿5,000立方公尺者，並以填土石方絕對值總合計算。

8.政府機關、公營事業機構及公法人改善或維護既有道路者。

㈢依《九二一震災重建條例》第59條及第61條規定者：

1.因震災受損需進行輸電線路之重建或南北第三路三四五仟伏輸電線路之興建。

2.各級政府機關興建或經其核准興建受災戶臨時住宅、重建社區、重建災區交通、教育及其他公共工程、採取重建所需砂石，或設置土石方資源堆置處理場。

三、水土保持保證金

㈠《水土保持法》第24條明定，於山坡地從事非農業使用開發、經營或使用行為，應繳納水土保持保證金。

㈡水土保持保證金繳納額度。

1.水土保持保證金依主管機關核定之水土保持計畫總工程造價之一定比例額度計算。

⑴探礦、採礦及其鑿井或設置有關附屬設施：30%。

⑵採取土石：30%。

⑶修築鐵路、公路、溝渠或農路以外之其他道路：20%

⑷開發建築用地：30%。

⑸開發高爾夫球場、堆積土石或處理廢棄物：40%。

⑹設置公園、墳墓、遊憩用地、運動場地或軍事訓練場或其他開挖整地：20%。

⑺其他經主管機關核定之水土保持計畫：30%。

2.核定分期施工者，依核定之各期水土保持計畫總工程造價之一定比例額度計算。

3.繳納保證金之數額計算至萬元為止，未滿萬元部分不計。

四、水土保持合格證明

行政院農業委員會92年4月14日農授水保字第0921841838號函公告

宜農牧地水土保持合格證明書與造林水土保持合格證明書之格式。

㈠宜農、牧地完成水土保持處理，經直轄市或縣（市）主管機關派員檢查合格者，發給宜農、牧地水土保持合格證明書。

㈡宜林地完成造林後，經直轄市或縣（市）主管機關派員檢查合格屆滿3年，其成活率達70%者，發給造林水土保持合格證明書。

五、違規處理

㈠未依核定水土保持計畫實施者之處分：

1. 依《水保法》第33條規定，裁處新臺幣6萬元至30萬元罰鍰。
2. 由主管機關會同目的事業主管機關，通知水土保持義務人限期改正。
3. 經限期改正屆期不改正或實施仍不合水土保持技術規範者，由主管機關會同目的事業主管機關通知水土保持義務人勒令停工、強制拆除或撤銷其水土保持施工許可證，已完工部分並得停止使用。
4. 致水土流失或毀損水土保持之處理與維護設施者，移送司法機關偵辦。其刑責自6月以上10年以下有期徒刑，得併科新臺幣100萬元以下罰金。

㈡未擬具水土保持計畫送核擅自開發之處分

1. 依本法第33條按次處新臺幣6萬元以上30萬元以下罰鍰。
2. 令其停工並限期改正。
3. 經繼續限期改正而屆期未改正或實施不合水土保持技術規範者，按次處罰，至改正為止。
4. 得沒入其設施及使用之機具，強制拆除其工作物，所需費用由經營人、使用人或所有人負擔。
5. 經主管機關裁處自第一次處罰之日起2年內，暫停該地之開發者，暫停該地之2年申請開發。
6. 違反本法規定，經主管機關勒令停工而未停工者，應視同新違規

案，另行處理。

(三)竊占罪

1.《水保法》第32條竊占罪之條件：

(1)在公有或他人山坡地或國有林區內，未經同意擅自開發使用之竊占行為。

(2)致生水土流失或毀損水土保持處理與維護設施者。

※但《山保條例》第34條竊占罪之條件為在公有或他人山坡地內，擅自墾殖、占用或從事第9條第1款至第9款之開發、經營或使用。其條件為既成犯，而本法為結果犯。

2.刑責：

(1)處6月以上5年以下有期徒刑，併科新臺幣60萬元以下罰金。

(2)釀成災害：致人於死者，處5年以上12年以下有徒刑，併科新臺幣100萬元以下罰金；致重傷者，處3年以上10年以下有期徒刑，得併科80萬元以下罰金。

3.因過失犯罪致釀成災害者：處1年以下有期徒刑，得併科新臺幣60萬元以下罰金。

4.未遂犯照罰：已有竊占行為且致生水土流失或毀損水土保持處理與維護設施，但已遺棄逃逸或未再利用。

5.沒收其墾殖物、工作物、施工材料及機具。

六、水土保持計畫書之製作

(一)計畫審核

水土保持計畫審核及許可分工

1.在直轄市或縣（市）政府審查者：

(1)行政轄區域內者，由直轄市、縣（市）主管機關審查核可，並核發之。

(2)跨越二以上直轄市、縣（市）行政轄區域內者，由各該直轄市、縣（市）主管機關審查核可，並由所在面積較大者主辦，

由面積較小者協辦。其水土保持施工許可證及水土保持完工證明書，依水土保持計畫書所在範圍，由各該直轄市或縣（市）主管機關分別核發之。

2. 開發、經營或使用行為中央機關興辦者：

⑴軍事訓練場、經行政院核定之重大公共工程及中央主管機關自行興辦者，由中央主管機關審查核可，並核發之。

⑵非屬前者，由中央主管機關委託中央各目的事業主管機關審查核可，並核發之。

3. 鄉、鎮、市公所審核自行興辦公共工程之簡易水土保持申報書：由縣（市）主管機關依法授權該鄉、鎮、市公所審查核可。

4. 依《九二一震災重建暫行條例》規定擬具之簡易水土保持申報書。

⑴屬該條例第59條規定之輸電線路之重建或南北第三路三四五仟伏輸電線路之興建者：由經濟部會同行政院農業委員會審核。

⑵屬該條例第61條規定之各級政府機關興建或經其核准興建受災戶臨時住宅、重建社區、重建災區交通、教育及其他公共工程、採取重建所需砂石、或設置土石方資源堆置處理場者：由該目的事業主管機關會同同級水土保持主管機關審核。

(二)計畫受理

應依《水土保持計畫審核與監督要點》第7點規定，得不予受理要件，其主要內容如下：

1. 文件是否齊全。

⑴有否檢附目的事業開發或利用許可文件。

⑵有否檢附足夠水土保持計畫或水土保持規劃書數量（至少6份或滿足主管機關要求數量）。

⑶依規定應檢附環境影響說明書或環境影響評估報告書及審查結論者，應檢附。

⑷依規定應檢附水土保持規劃書審定本者，應檢附。

⑸是否依規定格式製作水土保持計畫等。

2. 是否經目的事業主管機關（單位）核轉。

3. 申請開發區內之土地，經直轄市、縣（市）主管機關裁處暫停開發申請之期限尚未屆滿者。

4. 申請開發區內之土地，經直轄市、縣（市）主管機關依本法或《山坡地保育利用條例》規定處罰，並經繼續限期改正而不改正者或實施仍不合水土保持技術規範者。

5. 承辦技師簽證及資格。

有上述情形，除第2-4項，可列為不予受理要件外，其餘各項情形，主管機關可通知水土保持義務人限期補正。

(三)審核方式

各級主管機關審核水土保持計畫（或水土保持規劃書）方式不一，有自行審查、委託審查或組成委員會審查等3種方式。

1. 委託相關機關（構）或團體審查。

2. 聘請學者、專家組成審查委員會審查。

主管機關為審查水土保持計畫（或水土保持規劃書），得邀請學者、專家，以及主管機關內部專業人員組成審查委員會，審查水土保持計畫，以彌補各級主管機關人力及素養之不足。

3. 主管機關自行審查。

申請開發面積較小（各審查機關自行訂定）或以簡易水土保持申報書替代者，由主管機關承辦單位自行審查以便民。但主管機關自行審查時，仍可依申請開發面積多寡，由內部人員組成審查會審查。

4. 依《九二一震災重建條例》第59條及第61條規定，擬具簡易水土保持申報書，由目的事業主管機關會同主管機關審查核可。其作業仍可比照前述規定辦理。

※ 不論採取委外審查或組成審查委員會審查或承辦單位自行審查，承辦人員（含核稿人員）均負行政責任。

(四)審查期限

依《水土保持計畫審核及監測要點》則規定應在水土保持義務人繳交審查費之日起30日內完成審查，但因審核工作之需要，得延長30日並通知水土保持義務人。委託審查期限為20日。

七、查報與取締

(一)山坡地違規使用之資訊來源

  1.鄉、鎮、市、區公所查報。

  2.各直轄市、縣（市）政府自行查報。

  3.民眾電話檢舉：

    (1)向水土保持局電話檢舉。

    (2)向各直轄市、縣（市）政府電話檢舉。

    (3)向鄉、鎮、市、區公所電話檢舉。

  4.民眾書面檢舉。

  5.水土保持局各工程所提報。

  6.衛星影像偵測變異點。

  7.其他。

(二)查報工作

  1.鄉、鎮、市、區公所查明違規行為人，並制止其違規行為。

  2.鄉、鎮、市、區公所將查明違規地點（包括地籍資料）、違規行為人（姓名、住址）或土地所有權人（姓名、住址），並填具查報表函報直轄市或縣（市）政府。

(三)現場勘查

  1.會勘前準備

    (1)訂定會勘日期時間、地點發函通知行為人及相關單位與勘，並請地政事務所提供地籍圖至現場指界。

    (2)準備空白會勘紀錄表及照相機等機具。

  2.現場會勘並製作會勘紀錄：

⑴紀錄違規具體事實、違規類別及違反《水土保持法》或《山坡地保育利用條例》條文規定。

⑵依《行政程序法》第39條及第102條規定，請當事人陳述意見，並於當場製作會勘紀錄及經當事人親閱無訛後，請其簽名。不可只簽到後回直轄市、縣（市）政府再製作會勘紀錄。

⑶會勘時，如當事人未到場，應將會勘紀錄函送當事人，並請於規定期限內到直轄市、縣（市）政府陳述意見，否則依法處罰。

⑷違規現場照片及會勘情形照片附錄存檔（註：特別要將當事內參與現勘情形拍照存檔）。

㈣判定違規類別，適法裁處：

1.違規非農業使用：

⑴未擬具水土保持計畫送核而擅自開發者

①依《水土保持法》第33條裁處新臺幣6萬元以上30萬元以下罰鍰。

②令其停工。

③依《水土保持法》第23條第2項規定，主管機關得沒入其設施及使用之機具，強制拆除其工作物，所需費用由經營人、使用人或所有人負擔。

④主管機關依權責決定是否裁處自第一次處罰之日起2年內，暫停該地之開發申請。

⑤限期改正：

a. 主管機關應依違規情形，指定改正事項及改正日期，屆期應派員實施檢查。

b. 主管機關如認為需由違規行為人提改正計畫或改正措施者，仍應要求違規行為人限期做好緊急防災措施，以及限期將「改正計畫或改正措施」送主管機關核定後實施。

c. 要求違規行為人限期提改正計畫或改正措施者，絕不可要

求提水土保持計畫或簡易水土保持申報書。

　　⑥屆期主管機關應派員實施檢查：

　　　a. 檢查結果完成改正者，主管機關應通知水土保持義務人善盡水土保持處理與維護責任。

　　　b. 檢查結果未完成改正或實施仍不合水土保持技術規範者，主管機關應依法繼續裁處罰鍰，並限期改正。

　　⑦經繼續限期改正而屆期未改正或實施仍不合水土保持技術規範者，按次處罰，至改正為止。

　　⑧違反本法規定，經主管機關勒令停工而未停工者，應視同新違規案，另行處理。

2. 違規農業使用：

　⑴主管機關應勒令停工。

　⑵主管機關應依違規情形，指定改正事項及改正日期，屆期應派員實施檢查。

　⑶檢查結果完成改正者，主管機關應通知水土保持義務人善盡水土保持處理與維護責任。

　⑷檢查結果未完成改正或實施仍不符合水土保持技術規範者，主管機關應依法裁處罰鍰，並指定改正事項及限期改正。

　⑸經繼續限期改正而屆期未改正或實施仍不合水土保持技術規範者，按次處罰，至改正為止。

3. 落實山坡地管理，提昇違規案件裁處品質，避免苛政擾民，引發民怨：

　行政院農業委員會於92年4月25日召開研商《水土保持法施行細則部分條修正草案》會議時，提臨時動議案，討論「如何落實山坡地管理，提昇違規案件裁處品質時，避免苛政擾民，引發民怨案，提請討論。」其決議如下：

　⑴農業使用違規案件，應依《水土保持法》第22條第1項規定，限期改正；屆期未改正者，再依法處罰。

(2)對於違規開發使用之目的不明者，應先限期改正；屆期未改正者，再依法處罰。

(3)對於非農業使用之違規開發案，仍應依《水土保持法》相關規定處罰，除勒令停工，限期改正外，仍應輔導違規人依法申請合法核發使用；不應僅限全面植生及暫停該土地2年內開發之申請。

(4)對於大規模違規開發行為，除從重裁處罰鍰，勒令停工，限期改正外，應再裁處暫停該土地2年內開發之申請。必要時，得依《水土保持法》第23條第2項規定，沒收其設施及使用之機具，強制拆除其工作物及清除其工作物，並向違規人求償所有費用。

(5)加強水土保持教育與宣導，使人人知法守法，不違規開發山坡地。

(6)公有土地之違規開發行為非土地管理機關所為者，不宜引用《水土保持法》第23條第2項「自第一次處罰之日起2年內，暫停該土地開發之申請」規定。

該會議決議並經行政院農業委員會92年5月14日農授水保字第0921842001號函請各直轄市、縣（市）政府辦理。

第五節　民宿消防管理

　　俗語說：「水火無情」，火災的過程材料燃燒產生大量煙、熱、有毒氣體會威脅到人員性命。一般人生活於含氧量21%的環境中，在10%-14%氧氣濃度時人仍有意識，在含氧量在6%-8%時，人會在6-8分鐘死亡。由於家具是由不同的高分子材料所構成，經高溫分解後會產生毒性物質，對感官或呼吸器官造成刺激。另外燃燒過程會在空氣中散播出氣體，煙為火災中導致受難者無法找出逃生口之因素。

在《民宿管理辦法》第7條中規定，民宿內部牆面及天花板之裝修材料、分間牆之構造、走廊構造及淨寬應符合《建築物防火避難設施及消防設備改善辦法》第9條、第10條及第12條規定。每間客房及樓梯間、走廊應裝置緊急照明設備，設置火警自動警報設備或於每間客房內設置住宅用火災警報器，配置滅火器2具以上，分別置放於取用方便之明顯處所，有樓層建築物者，每層至少應配置1具以上。

為讓住宿顧客住的安心，在防火措施上應注意火源的管理、用電的安全、消防安全設備的使用與維護。

一、火源的管理

㈠民宿的建材應用防火建材，然而使用木造民宿更應加強火源的檢查與管理。

㈡經營者對菸蒂、瓦斯、電器、火爐進行檢查。

㈢樓梯、出入口、走廊不得堆置物品，防礙逃生。

㈣不用瓦斯應將瓦斯關閉，烹飪時不能留火苗，以免造成火災。如發現瓦斯外漏，應立刻關閉瓦斯開關，並打開門窗至無瓦斯味再進入處理，不可開抽油煙機及電源以防火災發生。

㈤油煙管應隨時清理，以防油坑塞滿油管，若烹調達高溫會造成大火。

㈥廚房之牆壁、天花板與灶臺應使用不燃性材料。

㈦每一樓層之通道應保持暢通，不可有阻塞物，以供緊急逃生之用。

㈧禁菸標誌禁止遊客在房內吸菸，若吸菸不可將菸蒂丟在紙桶內，以免釀成火災。

二、用電安全

㈠整棟房子用電量應找合格電工作測試，不可超量使用。

㈡增加大型電器時，應視室內電負荷量是否足夠才可增設。

㈢室內裝置電燈不可裝在天花板內，應離天花板3-5公分。

㈣不可自行利用分叉插座，同時使用多項電器。

(五)延長線不可經由地毯或高掛在有易燃物的牆上。

(六)使用電器不可忘了關閉而離開。

(七)電器插頭務必插牢，以免發生火花引燃旁邊的物品。

(八)勿讓小孩玩弄電器造成觸電或火災。

(九)電線走火應立即切斷電源。電器火災可用乾粉或二氧化碳滅火器撲滅。

(十)電器故障，應切斷電源即時修理。

(十一)屋內配線陳舊或插座損壞，必須立即更換修理。

三、消防設備的使用與安全維護

《民宿管理辦法》中第8條規定，每間客房及樓梯間、走廊應裝置緊急照明設備，設置火警自動警報設備，或於每間客房內設置住宅用火災警報器，配置滅火器2具以上，分別固定放置於取用方便明顯之處，有樓層建築者每層至少配置1具以上。

在建築物中，常見的消防裝置有滅火器、自動灑水設備、緩降機、消防箱、自動偵測滅火系統、停電照明裝置等。建築結構中則有防火巷、安全門、安全梯等設施；裝潢材料中已開發出多種具有防火性質者。以下，簡單介紹住家需具備的主要消防設備：

(一)滅火器

以手提滅火器移動最方便，法令規定每100平方公尺設置1具，在同一樓層每超過50平方公尺再增設1具，放置在伸手可拿到的位置，重18公斤以上者，其上端距地面不超過1公尺，18公斤以下者不得超過1.5公尺。隨著火災性質的不同，要使用不同的滅火劑，一般滅火器填充的化學藥劑約可分為：泡沫系列（適用A、B、C類）、二氧化碳（適用B、C類）、乾粉化合物（適用A、B、C、D類）。其放置方式，依重量的差異而不同，日常生活中我們必須熟悉其使用方法，以備不時之需。

(二)自動防火偵測設備

又稱爲火警自動熱感知器，屬於警報系統。爲了預防火災，目前住家的天花板上常裝有自動防火偵測設備，當室內溫度上升至60℃以上的高熱或濃煙時，就會自動發出警告，因此平常應注意維持其功能的正常。

(三)停電照明燈

火災時，爲避免電力系統短路，造成更大的災害，常需切斷電源。此時的照明就需仰賴停電照明燈。因此，平常就需讓其處於充電狀態，以免當要使用時卻沒有電。

(四)緩降機

當火災發生時，住在高樓的人可以利用緩降機，緩慢地下降至地面逃生。

1. 將掛鉤扣於掛架上，並鎖緊掛鉤螺絲。
2. 將輪盤自窗戶丟下，但首應察看降落沿途是否順暢。
3. 將安全吊帶套於腋下，並拉緊扣環。
4. 用手絜握雙繩爬出窗戶，面朝牆壁後放開繩索，雙手微上舉，任其下降。
5. 下降時持續地用手觸摸牆壁，穩定方向直到降抵地面，在快要抵達地面時，隻腿應微曲保持彈性，以免扭傷腳踝。

四、火災發生之處理

(一)火災發生立即撥119報警，爭取時效。

(二)屋內發生火警應迅速找到逃生口，不可往屋角或床底躲，更不可因搶救財物，再冒險入火場。

(三)如被濃煙困住，切忌慌張，應迅速判斷何處可逃生，用濕毛巾或手帕掩住口鼻，以低姿勢迅速逃出。

第六節　民宿颱風災害管理

　　民宿常坐落於山區，遇到颱風來襲常因疏散不及造成傷害，因此業者應每月注意氣象報告，在平常就對防颱工作有所準備，並隨時巡視民宿四周山區水土保持情況，不能有土石塌陷現象。如果有土石崩落應作好水土保持工作，勤作下水道垃圾的清理，不能有垃圾阻塞物，保持下水導暢通。四周樹木應修剪，路燈應穩固並有充足的照明，屋外盆景及零星物件應收起存放，以防大風吹傷人，在颱風未來前緊急疏散住宿客人。

　　在颱風來時應注意門窗牢固，關閉門窗，大片玻璃門應用膠布黏貼或在玻璃外加強木板，以防強風將玻璃吹破。

　　檢查瓦斯，注意爐火慎防火災，隨時巡視是否有被風吹落的看板、樹枝應予以清理。若尚有住宿的客人應貯放2至3天的食物，並備有藥品作急救之用。

第七節　民宿地震災害管理

　　近幾年來地震頻傳，九二一集集震、四川大地震造成道路、橋梁、房屋倒塌，傷及無辜生命。很多民宿建於高山河邊，風景漂亮但土地如果不當使用，設計缺乏耐震考量，建築材質品質低劣，施工不當及監督管制違規，易造成因地震有房屋倒塌危及人們生命安全，及財產損害的現象。

　　民宿在設立時應了解該地段是否有地震斷層帶，建築物的耐震設計應有下列目標，即發生小地震時，建築物整體不應受損，受到中度地震時，梁柱不得損害，受到強烈地震時結構不應崩塌，不致使住戶受困。

　　在民國86年所修正的《建築技術規則》中，要求建築物的直立及橫向結構應視建築物所在地區設定的震力係數、建築用途及土層決定可承

受的耐震力。臺灣建築法令對於高度超過50公尺以上建築物，在建造核發前，要先外聘土木或結構的學者專家進行結構設計審查，並且特別注意施工品質及完工後結構不能受到破壞、室內裝潢不能破壞建築物的結構，在民國85年所頒布《建築物室內裝修管理辦法》第12條，要求裝潢從業人員應取得專業設計技術人員資格，即裝潢人員應具備建築結構的知識，才可從事室內裝修工作。

在九二一地震新莊博士的家，因地震倒塌才發現其混凝土強度不足，鋼筋中有空的沙拉油桶、柱主筋搭接不良、柱筋彎鉤不良、梁柱間距不良、鋼筋外露，導致大樓斷柱傾倒，因此需重視建築結構材料及施工品質。

一、地震時教導住宿房客因應之道

㈠廣播告知房客打開大門，為使房客能逃出，應將門打開。

㈡如果停電，需廣播告知暫時性停電以防房客緊張。

㈢協助房客躲到房屋大梁及支柱下，眼觀四方，防止重物擊落。

㈣協助房客不能進入電梯內，若進入電梯內，協助靜坐，不要隨便按鍵，等待救援。

㈤儘可能逃到屋外空曠地方。

二、地震時管理措施

㈠安定人心，以廣播告知房客安定人心，不要造成恐慌。

㈡切斷使用之電源，如禁止進入電梯、停止冷暖氣之使用。

㈢關瓦斯、打開門窗、防止瓦斯漏氣。

㈣將使用中的火全部關掉，尤以正在烹煮的火源一定要關熄。

第八節　動物咬傷急救防備

住宿於民宿當消費者受到動物咬傷時，急救因應措施如下：

一、蜜蜂

蜜蜂雄蜂無毒腺及針，因此不傷人，雌蜂尾部有與毒腺相連的螫針，當它刺入人體後會將蟻酸和神經毒素送入人體。人被螫傷後，輕者會出現紅腫與疼痛，重者頭痛、發熱、腫脹、嚴重者會有呼吸困難或昏迷的現象。

處理方法如下：如有毒針先予以拔除，輕者用3%蘇打水或食鹽水洗滌傷口；症狀嚴重者速送往醫院，由醫生注射抗組織胺藥。

二、毒蠍

毒蠍尾部有鉤型毒刺，當毒刺螫入人體時會將含有神經毒、出血性毒素注入，導致人心臟血管收縮，輕者出現傷口紅腫、頭痛、頭暈，重者昏迷、肺水腫、循環衰竭而死亡。

處理方法應先立即拔出毒刺，在傷口上方2至3公分處用繩子紮緊，擠出傷口之毒液，傷口用冰敷，以減少毒素的吸收與擴散，重者送醫院注射抗毒蠍血清。

三、毒蜘蛛

黑色毒蜘蛛毒液含有神經毒，經咬傷後會有疼痛、紅腫、重者會有頭暈、噁心、嘔吐、昏迷的現象。發生毒蜘蛛咬傷應用酒精消毒被咬處皮膚，用力擠出毒液將毒液吸出，重者送醫院救治。

四、蜈蚣

又稱百腳蟲，在對足有毒腺分泌毒液，含有溶血物質，輕者有紅腫現象，重者頭痛、眩暈、嘔吐、昏迷。被咬傷後立刻用3%氨水或用5%蘇打粉水沖洗，切忌用碘酒或酸性藥物塗傷口。

五、水蛭

又稱螞蟥，在山上陰濕處，它是一種長形的環節動物，雌雄同體，以吸盤在人的皮膚上吸血，分泌物會阻礙人體凝血。使傷口流血不止。被水蛭吸附，不可硬拔除，如被拉斷吸盤會留在皮膚內，因此需用鹽、白醋撒在蟲體，使它放鬆吸盤自行脫落，將咬傷處汙血擠出，再塗碘酒、酒精。若鑽入鼻腔則找醫師處理，打腎上腺液入患處，使它失去活動力。

六、狗

當狗得狂犬病時其特徵為雙眼呆滯、流口水、全身發抖、尾巴下垂、站立不穩。當人被狂犬咬傷後其牙齒或唾液中的病毒注入傷口，經過3至10天發病，剛開始的症狀為頭痛、倦怠、傷口局部發癢或紅腫，病人由疲倦轉為恐慌、怕風、怕光、吞嚥困難，進而昏迷、呼吸循環衰竭而死。當被狗咬傷後先用肥皂水沖洗傷口，再用95%酒精消毒，以2.5%碘酒消毒止血，在2至3小時內注射狂犬疫苗。

七、毒蛇

山區草叢常會有毒蛇，毒蛇有神經型、血液型及混點型毒蛇，輕者傷口灼痛、重者有吞嚥困難、四肢麻痺、呼吸困難而死亡。當被蛇咬一定注意其形狀及顏色，保持安靜、減少活動、以防毒素向全身擴散，在傷口肢體5-10公分處用止血帶緊綑肢體，阻斷血液回流，用雙手從傷口四周將毒液擠出，在傷口四周冰敷，減少毒素擴散，儘速找醫生告知醫生被何種蛇咬傷，運送途中注意保暖並給予水喝。

八、老鼠

食物儲存不當，老鼠猖獗，當被老鼠咬傷應將傷口處血液擠出，用碘酒消毒，立刻送醫接受預防注射，因鼠疫在3星期後才發病。感染鼠

疫會有發燒、頭痛、淋巴腫大及肌肉疼痛的現象，應打疫苗才能解決。

第九節　顧客抱怨處理

　　民宿的經營，經營者對消費者應視同家人一樣，可提昇消費者再宿意願。俗話說：「好事不出門，壞事傳千里」，消費者的抱怨一定需及時處理，一般對民宿住宿的抱怨可概括分為住宿品質、設施與安全、清潔與服務的抱怨，民宿服務需要好、親切才會有客人上門。顧客抱怨的處理程序如下：

一、了解顧客抱怨的原因

　　與顧客對談，仔細聆聽顧客之不滿，可能只因一件小問題所引發。

二、儘速解決顧客的問題

　　每件抱怨都需視為重要改善要項，儘速解決問題。

三、道歉與補償

　　對顧客的不滿，民宿主人應親自道歉，或給予等值的東西予以補償。

四、記錄

　　將顧客抱怨作好記錄，並詳細記錄改善措施，以作為下次參考。

五、隨時修正缺點

　　隨時注意經營時顧客抱怨的問題，隨時修正缺點，以期經營會更好。

第十節　民宿的體驗

　　21世紀每個人生活步調十分緊張，因此在假日時大多人往郊外舒緩緊張的生活壓力，民宿業者除了提供清潔的住宿環境之外，附加農村的體驗活動，讓都市生活的人可享受到農村家庭生活的點點滴滴，對在地產業與文化有所體驗。

　　體驗是一個人受到外界刺激後，經由知覺過程，對標的物之領悟，以及感官與心理產生的情緒。體驗是充滿情感，體驗者具有難忘的感受，當體驗結束之後會將它深深地留在記憶中，因此業者要創造有價值的體驗，使消費者在參與整個過程中產生滿意。現將民宿之體驗分為下列幾種類型。

一、風情民俗型

　　到原住民部落參與其祭典就有很深刻的感受，原住民族長教導年輕人民族文化，長幼尊卑的概念，兩性關係均與都市人不同。參與祭典前有很多禁忌，參與狩獵前有很多族規，均與都市有所差異，因此住在原住民部落就可享受原住民不同的風俗、到客家店可看到客家人的勤儉、刻苦耐勞，醃製芥菜製成酸菜、梅乾菜。

二、參與民宿專人農村工作

　　民宿專人農耕播種時，消費者參與播種工作可體驗到播種工作的辛苦，才能知道米粒來之不易，要懂得珍惜。參與採收金針、茭白筍等農作物，可知農人工作辛勞。參與餵食雞隻或收雞蛋時，才知道雞農的辛苦，都市人常用雞蛋抗爭是一件很浪費的事。

三、參與教育性的體驗

　　部分民宿業者會找一個專題作教育性的導覽，如綠色步道，製作一個不鏽鋼的半圓形藤架，四邊種植不同的爬藤植物，如絲瓜、瓠瓜、南

瓜等，讓這些瓜類攀爬，再作解說，可讓消費者了解各種爬藤植物的生態。

有的業者以各種青蛙的生長為解說題材，當然在民宿四周一定要營造讓各種青蛙生長的環境，應屬於不灑農藥自然生態，到晚上時讓消費者看到不同蛙類的生長。有的以螢火蟲的生態為解說重點，到了晚上可看到點點星火在山區出現。

四、參與社群文化

如南投縣已塑造不同的社群文化，社群中有日本妖怪村，住宿者可到妖怪村遊樂，享受妖怪村的食、衣、住。

社群中已結盟陶藝、竹炭、布染、紅茶業者及田媽媽，住宿民宿者可到社群中學習陶藝，製作陶器，享受燒窯之樂趣；觀看竹炭業者採收竹子製成竹炭及各種竹炭的產品；田媽媽是農村家政班員組成的團隊，在農村中配合民宿業者製作佳餚提供給消費者健康的膳食；紅茶業者解說紅茶的種植、採收、製作，並製作美味的紅茶供遊客享用。

五、懷舊體驗

有的民宿業者將3、40年前的工具、照片收集，消費者可享受民宿專人暢談農村3、40年前的生活，對現代人生活而言是一次不可思議之旅。有的在住宿四周的小池塘撈蜆，帶回烹煮，回味以前之生活。

六、參與民宿專人安排的餐飲製作

民宿專人可能會設計一些當地特色小吃之製作，如到金雞蛋農場就可製作鹹蛋、蛋捲，回家時可帶固有的製作小西餅或烘烤披薩、烤甘薯、製作蜜餞、製作葡萄、橘子果凍，讓消費者滿意旅遊品質。

民宿透過一些體驗，需有好的解說員或帶領者，產生感情交流，從互動中產生生理及心理改變，營造與消費者良好的人際關係，遊客重遊的意願才會提高。

遊客入住民宿要給予消費者方便，注意生活舒適與安全，食、住、育、樂均需加強。

飲食的準備如果不是那麼專精，在鄉間田媽媽是農委會由民國90年開始輔導的農家婦女，利用地區的農業資源經營副業，包括到宅服務、田園料理、農特產品加工、地方手工藝等，因此民宿業者可搭配田媽媽發展地方料理創意菜，並且在民宿提供當地田媽媽所發展的地方伴手禮，可使業者、田媽媽及民宿住宿者三方均蒙其利。

民宿食的衛生也需注意，食材的選擇應選當地新鮮的材料，現今社會人們文明病很多，應採用低油、低鹽、低糖的烹調，使消費者吃到清淡又健康的飲食。

民宿常建於郊外，遊客如果不小心被蛇咬到時應有正確的緊急處理。由於蛇毒素分為神經性、出血性和混合性三種，不同的蛇毒需搭配不同的血清，因此被蛇咬傷時應記住蛇的外形如頭型、顏色才能對症下藥。

被蛇咬傷之後應隨手找彈性繃帶、布條、繩索或衣服綁住傷口上方，延緩蛇毒性的擴張，不要讓傷口的位置高於心臟，以免毒液加速流入心臟，並儘速至大醫院就醫，才能找到適合的血清，搶救病人為要，縮短就醫時間。

切忌不能用嘴吸傷口，不用不乾淨的水沖洗傷口，不用刀劃開傷口，不能用冰敷傷口會使血液循環變差造成傷口壞死，不用止血帶以免造成肢體壞死，不能喝酒因酒精加速毒液擴散。

延伸思考

1. 民宿經營者應了解社群中可提供資源的組織，如田媽媽已有12年訓練，製作出符合當地風味的菜餚，可搭配田媽媽烹飪手藝製作

出來的菜餚及研發的伴手禮，不用事事均由自己研發，可使事情進行更順利。

2. 民宿住宿者的安全需受到保護，因此四周環境的安全措施防範需隨時加強審視。

第四章

民宿經營實務

第一節　民宿與旅館的區隔

　　旅館分爲觀光旅館與一般旅館，在《發展觀光條例》第2條第7款將觀光旅館定義爲「經營國際觀光旅館或一般旅館，對旅客提供住宿及相關服務之營利事業」。旅館則《依據發展觀光條例》第2條第8款及《旅館業管理規則》第2條定義爲「觀光旅館業以外，對旅客提供住宿、休息及經其他中央主管機關核定的相關業務，包括賓館、飯店、旅店、酒店、旅社、汽車、旅館、客棧、別館、會館等。」

　　在《發展觀光條例》第41條指出「觀光旅館業、旅館業、觀光遊樂業及民宿經營者，應懸掛主管機關發給的觀光專用標識，其型式及使用辦法，由中央主管機關定之」。

　　合法旅館專用標識如下：

　　依據90年11月14日修正公布之《發展觀光條例》暨91年10月28日發布之《旅館業管理規則》規定，除依法辦妥公司或商業登記外，應向地方主管機關申請登記，領取登記證及專用標識後，始得營業，專用標識應懸掛於營業場所外部明顯易見之處。合法旅館基本資料請至交通部觀光局或各縣市政府網站查詢。

　　合法民宿專用標識如下：

　　依據90年11月14日修正公布之《發展觀光條例》暨90年12月12日發布之《民宿管理規則》規定，凡經營民宿應向地方主管機關申請登記，領取登記證及專用標識後，始得營業，專用標識應懸掛於建築物外部明顯易見之處。合法民宿資料請至交通部觀光局或各縣市政府網站查詢。

　　民宿在《發展觀光條例》第2條第9款將它定義為「利用自用住宅空閒房間，結合當地人文、自然景觀、生態、環境資源及農林漁牧生產活動，以家庭副業方式經營，提供旅客鄉野生活之住宿處所」，在《民宿管理辦法》第6條規範民宿之規範「以客房間數5間以下，且客房總樓地板面積150平方公尺以下為原則，特色民宿得以客房數15間以下，總樓地板面積200平方公尺以下」。

　　現將旅館與民宿之區隔分別敘述如下表：

表4-1　旅館與民宿之區隔

	旅館	民宿
主管機關	1.中央為交通部 2.直轄市為直轄市政府 3.縣為縣市政府 4.輔導、獎勵與監督管理由交通部觀光局執行	1.中央為交通部 2.直轄市為直轄市政府 3.縣市為縣市政府旅遊觀光管理課
設置地區	需在都市計畫之商業區，若為住宅區則需當地縣市政府核准。	1.風景特定區 2.觀光地區 3.國家公園區

	旅館	民宿
設置地區		4.原住民區 5.偏遠地區 6.離島地區 7.經農業主管機關核准的休閒農場 8.金門特定區計畫自然村 9.非都市土地
建物設施	《建築法》、《舊有建築防火避難設施及消防設備改善辦法》	《建築法》、《舊有建築防火避難設施及消防設備改善辦法》第9、10、12條規定
防火避難	符合《消防法》第7條「各類場所消防安全設備設置標準之消防安全設備，其設計、監造應由消防設備師為之，其裝置、檢修由消防設置師或消防設備士為之。	由《民宿管理辦法》第8條設備之規定： 1.每間客房及樓梯間、走廊應設置緊急照明設備。 2.設置火警自動警報設備，或於每間客房內設置住宅用火警報器。 3.配置滅火器2具以上，分別固定放置於取用方便之明顯處所，有樓層建築物每層應至少配置1具以上。
賦稅	應符合營業稅法、房屋稅法、所得稅法、地價稅、土地增值稅及商業登記法	繳納所得稅、房屋稅、地價稅。

第二節　民宿經營成功的要素

臺灣地區合法正式登記的民宿，自2003年起有309家，至2012年合法的有3,506家，可提供13,920間房間。

自從WTO之後，農民的農業生產抵擋不了大農業國農產品進口，政府積極輔導農民經營不同的行業，輔導農民轉型經營民宿、休閒農場，現今已有10年歲月，民宿經營成功與否有下列條件：

一、地區合法化

在下列地區才可設置民宿，下列地區是由各交通部觀光局依其環境特性邀請學者專家、相關機關實地勘查，由各縣市政府協商後確定之範圍。

(一)風景特定區

(二)觀光地區

(三)國家公園區

(四)原住民地區

(五)偏遠地區

(六)離島地區

(七)經農業主管機構核發經營許可登記證之休閒農場或經農業主管機關制定之休閒農業區

(八)金門特定區計畫自然村

(九)非都市土地

1. 在非都市的甲種建築用地、乙種建築用地、丙種建築用地之住宅及農牧用地、林業用地、養殖用地、鹽業用地之農舍，允許經營民宿。

2. 依法向國有財產局承租，檢具相關土地使用證明文件，領有建築物使用執照或實施建築管理前合法房屋證明文件之住宅或農舍，符合《民宿管理辦法》相關規定區域，均可提出民宿登記申請。

3. 都市計畫農業區及保護區之建地與農地，允許作自用住宅使用，並能符合《民宿管理辦法》相關規定者，可提供民宿使用。

4. 在實施建築管理前的建築物，需向當地縣市政府建管單位提出建築執照、建物登記證明、未實施建築管理地區建築物完工證明書，載有該建築物資料之土地使用現況調查清冊或卡片之謄本、完納稅捐證明、繳納自來水費或電費證明、戶口遷入證明、地形圖、都市計畫現況圖、都市計畫禁建圖、航照圖或政府機關測繪地圖，就可申請民宿。

5.在住宅、商業區、風景區、保護區不得設置民宿。

二、民宿申請人不得有下列行為

㈠無行為能力人或限制行為能力人。

㈡曾犯《組織犯罪防制條例》、《毒品危害防制條例》或《槍砲彈藥刀械控制條例》規定之罪，經有罪判決確定者。

㈢經依《檢肅流氓條例》裁處感訓處分確定者。

㈣曾犯《兒童及少年性交易防制條例》第22條至31條、刑法第16章妨害性自主罪，第231條至235條、第240條至243條或第298條，經有罪判決確定者。

㈤曾經判處有期徒刑5年以上之刑確定，經執行完畢或赦免後未滿5年者。

三、民宿業者應具備的人格特質

㈠懂得民宿相關法規

現今不合法民宿常在於土地取得不在合法區域，因此未能正式成為合法民宿。除此之外，要了解農業用地與建農舍辦法、建築法、發展觀光法案等。

㈡有親和力

讓人感覺親切，願接納。

㈢對社區文化了解

需敦親睦鄰，結合社區整體文化，共創雙贏。

㈣能有導覽設計與解說能力

應對社區文化有所了解，安排住宿的人了解整體文化意象，為客人規劃行程，甚而作導覽解說。

㈤願意分享

民宿主人分享他的經驗，甚而他的農作物收成，讓由城市到鄉村住宿的客人能享受到在城市無法享有的快樂。

四、環境

民宿的環境是吸引客人住宿的主要因素，一般人居住在城市的小空間，利用假日能徜徉在大自然中，也是一種享受。

(一)自然風景

一般好山好水、農家的生態環境，夜間寧靜時聽聽蟲鳴聲，均可吸引遊客。

(二)好的空氣品質

樹木多可讓遊客吸取更多芬多精。

五、交通

交通是十分重要的，民宿應坐落在有大眾運輸工具或有接駁車的地方。民宿若交通不方便，應可讓遊客到交通方便之點，再以自己的車子接駁，使生意更好。

六、四周競爭者數量與密度

成立民宿時應事前調查半徑3公里內民宿的數量，並找出民宿的密度，同質性不能太相近似。

七、四周休閒設施

由於遊客住宿之外，白天會到處旅遊，四周文化旅遊點要足夠，才可創造好的績效。

八、人力資源

民宿是相當辛苦的行業，大多全家投入，如果家人參與意願低則需靠是否有足夠的人力來搭配，如在山區常有願投入此行業的人力來協助，由工讀性質來給薪才不會投入太多成本。

九、當地有農家的食材

如果民宿也供膳，則當地可提供豐富的食材也是重要的一環。住宿又可吃到新鮮品質的食材，也是遊客最大的享受。

第三節　民宿經營的資源

民宿經營的資源，在物的方面有有形與無形的資源；在人的方面有民宿主人與組織團隊的資源，現分述於下。

一、物的資源

分為有形資產與無形資產。

(一)有形資產

自然資產應為無形資產，實體資產包括坐落位置、地點、民宿建築、民宿規模、內部設施。

(二)自然資產

四周的自然、生態景觀

二、人的資源

民宿用的人力也不少，其中主要靈魂人物為民宿的男女主人，大多民宿經營靠民宿男女主人及其家人的參與。

(一)男女主人

應具備經營管理能力、領導力、財務管理能力、業務推廣能力、人際關係、危機處理能力、解說能力、活動安排能力。

(二)組織專業能力

組織文化、團隊默契、組織合作共識、創新能力。

第四節　民宿成功因素

　　民宿經營在臺灣仍為一新興行業，關鍵成功因素的研究十分重要，可使要經營民宿的業者了解總體環境、產業環境與企業在經營時需要先籌劃的事項，以期能成功的經營。

　　成功因素不會一直持續不變，它會隨著產業、產品、市場狀況而有所變動。關鍵成功因素的主要影響來自於產業特殊地位、競爭策略、環境因素、暫時性因素而有不同，如國際大環境改變、引起金融海嘯大的經濟體系出現變化，失業人潮大增時也會引起國內失業人口增加，休閒遊憩人口也會大減。

　　不同學者在休憩產業所作關鍵成功因素的研究亦有不同的因素，萃取如表所示：

表4-2　不同學者研究休閒遊憩成功因素之結果

學者（年代）	研究場域	成功因素
李忠星（1993）	休閒度假中心	推廣、人力資源、地理、市場、價格、財務管理
方威尊（1997）	休閒農場	推廣與通路、地理區位、聲譽、市場、服務品質、資訊服務、經濟規模、連鎖經營、景觀與氣氛、公關、活動安全
鄭健雄（1998）	休閒農場	地理區位、景觀、休閒、產品特色、經營規模、聲譽、員工服務品質、人力資源、財務管理、資訊服務、公共關係、活動安排、連鎖經營、價值、市場區隔、行銷通路、顧客滿意度
林万登（2003）	民宿經營管理	規劃營造、餐飲管理、財務管理、行銷管理、人力資源管理、營運管理、顧客關係
吳碧玉（2003）	民宿經營	民宿主人專業能力

學者（年代）	研究場域	成功因素
李宗珏（2007）	民宿經營	一、個人專長 財務管理、業者風格、經驗、專業能力、創業精神、業務推廣、社會網路、創新能力、員工態度、公共關係 二、組織專長 經營風格、管理者特質、人力資源、業務運作、資訊網路、教育訓練、策略聯盟、員工服務品質

　　由上可知一個成功的民宿經營者本身的人格特質及其專業及社會脈絡要很健全，才能有好的經營成效。

　　李宗珏（2007）研究顯示，成功的民宿主人要有願意與他攜手共度困境的另一半及家人，年齡35-54歲中年人，教育水準在高中職以上，以經營農林漁牧業者居多。

　　當一位成功的民宿經營者要不斷吸收新知，了解政府政策需求，社會經濟情況、同行的政策、財務管理、成本控制、行銷管理，才能使經營的民宿生意欣欣向榮。

第五節　民宿經營績效

　　績效是企業為達成某種目標所制定的評估方式，經營者為證實方案是否成功所擬訂的評估方法，企業在評估績效常以財務、行銷、組織來評估。

　　民宿要能永續經營，必須有良好的績效，民宿主人之背景大多為當地有地的人轉型，未能有專業的財務管理能力，因此要了解財務目標是否達到有些困難。然而財務目標的表現是企業存活下去相當重要的指標，當達到財務目標時，會有較大的滿足感。

　　評估民宿的經營績效可由下列方式：

一、財務面

可由營業額、住宿率來評估財務面。

營業額為客房收入、餐飲收入及其他收入之總和。

住宿率為客房出租數除以可供出租的客房數比率。

二、民宿主人

民宿主人經營之滿意度、民宿主人投資後之回報率、經營民宿能否有足夠的人力來搭配，與客人相處所得到的回饋。未來的民宿經營者更要重視品牌形象、建立口碑、善用人際關係加入同業或異業結盟、定位明確，注重服務品質，不宜超量經營，才能創造特有風格，方可永續經營。

第六節　民宿的市場區隔

市場區隔為將市場上的消費者分成幾個性質相近的群體，找出每一群體的需求，當了解每一群體顧客需求後，就可針對目標顧客的需求設計產品，讓產品與目標族群吻合。因此市場區隔可清楚了解顧客需求，有效的定價，清楚地選擇廣告媒體及促銷方式，更有效地投入行銷經費及策略。

了解市場區隔常用下列因素調查消費者的資料，包括消費者的基本資料如性別、年齡、居住地區、職業、教育、收入、社經地位、生活型態、選擇民宿的原因、住宿頻率、滿意度、重遊意願。因此民宿經營者作市場區隔時應用下列方式。

一、建立住宿顧客基本資料

業者對住宿顧客提供優質的服務之後，需要顧客填寫基本資料，當有促銷活動或特殊活動時希望通知住宿過的客人前來投宿。

將重遊的客人或由已住過客人介紹來的顧客，了解重遊意願高者其

重遊原因，建立自己的品牌，作個別化服務，提高其重遊意願。

二、了解目標市場

　　了解真正未住宿顧客的背景、如年齡層、婚姻狀況、每一次住宿想花錢的差額、想住宿的原因、要參加的活動，才可塑造自己的經營型態。

三、提供優質服務

　　住宿環境整潔、優雅，易與消費者聯絡，如容易以電話、網路連絡訂房。民宿經營與旅館最大的不同，在於民宿男女主人的親和力，能與顧客近距離的接觸，讓顧客感動。如到民宿住宿，主人拿出儲存了3、40年的老菜脯（黑色葡萄粒），泡茶或燉雞湯，使顧客滿心感動，回程時附送幾根民宿主人自己種的蔥或自己醃製的蜜餞，都會使顧客重遊意願提高。

四、多用網路或部落格來行銷

　　消費者常看網路或部落格尋找住宿資料，因此應建置好網路或部落格以吸引消費者。現今也有不肖業者將民宿外觀美化，當消費者在網路看到與實際住宿時有差距，將會影響對民宿的觀感。

　　民宿網站是強而有力的行銷工具，網站不僅促銷民宿，也會吸引國內外觀光客來住宿。民宿的網站應重視視覺的美感，室內裝潢與室外景色、文字說明、導覽均可吸引顧客。民宿網頁設計應注意使用者容易操作、配色色調法、包括文字、聲音、動畫、影音、互動內容、多國語言、每月最新消息、經營理念。

第七節 民宿經營者應具備的能力

臺灣早期的民宿只是提供最基本的住宿空間，無法與一般觀光飯店相比，近年來週休二日國人的休閒意識抬頭，民眾在休閒娛樂時間增長，民宿經營成為重要的一環。民宿與旅館的經營很重要的不同點在於民宿業者能與遊客意見溝通，鄉土物產交流，開放的心胸，學者針對不同行業所需的核心能力作探討。核心能力的內涵包括什麼呢？Prahalad & Hamel（1990）認為企業為一棵樹，產品是樹幹與樹枝，事業單位是較小的樹枝，葉、花與果實為最終產品，提供營養、維持生命力和穩定力的為核心能力。Collis（1994）將核心能力分為靜態核心能力、動態核心能力與創新核心能力。吳思華（1998）認為能力為組織能力與個人能力，組織能力包括業務運作程序、技術創新與產品、組織文化、組織記憶與學習，個人能力包括專業技術能力、管理能力與人際網路。沈介文（2002）認為核心能力是一種學習結果，具有獨特競爭優勢、具備可應用性，因此民宿經營者的核心能力是經營民宿時長期工作表現，是多種技術整合而成的。現將不同學者對於經營民宿應具備的能力列於下表。

表4-3 民宿經營者應具備的能力

學者	年代	具備能力
戴旭如	1994	良好的規劃與設計能力
鄭健雄	2001	1.擁有資源特色 2.發展出具有競爭力的核心產品
邱湧忠	2002	1.具有經營民宿的特質，如熱誠待人、喜歡與人交朋友、良好的人際網絡。 2.善於創新，在布置創新並在景點安排創造新活動。 3.提供與別人不一樣的服務，如特殊的活動、特殊的餐飲。 4.行銷能力，藉由經營者作水平與垂直的整合，與供應商形成夥伴關係。 5.產業群聚，民宿為一種投入小產值與發揮最大效益的產業。
吳明一	2002	民宿形象，乾淨度、裝潢、供應特色餐

學者	年代	具備能力
賴梧桐	2002	社區資源利用及文化塑造
陳智夫	2002	民宿主人之熱誠
陳昭郎	2002	1.民宿應選定目標市場 2.提供消費者需求的產品 3.暢通的通路 4.有效的促銷
Poynter	1991	注重行銷、財務及人力資源管理
Kaufman, Weaver & Poynter	1996	成功的民宿業者需具備 1.豐富的商業知識 2.財務管理能力 3.對服務業有一定的認知

在臺灣民宿經營者大多為夫妻檔、父子檔、兄弟檔，由上述學者所提出的能力，總歸納如下：

一、人格特質

喜歡人、喜歡與人交往、善於溝通、交際，大多認為人本善者，若將別人認為不良分子則很難從事民宿行業。

二、親和力強，喜歡與人分享者

如有好東西喜歡與人分享，自己種菜喜歡分享給來的客人。

三、有豐富的知識

民宿業者需具備豐富的知識，才能將生活的精髓與客人分享。

四、具備規劃與營運能力

對目標市場了解，作市場定位。

五、餐飲管理能力

如有供膳則能具備提供自己精緻菜餚的能力。

六、顧客管理能力

能與顧客溝通，注重禮儀讓顧客滿意。

七、財務管理能力

能算成本，對財務管理有一套精算系統。

八、洞察時勢轉變能力

能視時勢改變，看社會變遷轉變經營型態。

第八節　民宿創新經營

21世紀全球經濟環境巨變，大多數企業以價格競爭為本位，形成廝殺局面，最後造成市場萎縮。企業應有永續經營的概念，不斷以創新精神加上有競爭性成本概念來經營。創新元素加入民宿的經營將可提昇產業的水準。

創新的內涵不僅包括創造的概念，也涵蓋了觀念的發展與落實，創新活動的發展需經過規劃與設計，企業創新應除舊布新，必須去除或改變既有，才能創建新象，產生新的利益，對外有競爭力。

民宿不斷增加，在經營應有創新才能永續經營，現將創新在民宿經營的方向有下列幾點建議：

一、行銷創新

行銷方式可多元化但民宿行銷以網路行銷可作好布點，但網路行銷應與實際可提供的服務是一致性的品質。

二、製程創新

製程精簡化、效率化、區隔化與需求化。如民宿經營中教導住宿者作餅乾，應將它標準化，食材應一袋袋分A、B、C，如A袋加多少水，打幾分後，加入B袋再加入C袋，如此製程簡單操作容易，每次都會成功。

三、價值創新

能利用產品、服務、配送三項通路，產品是指實物，服務是指提供顧客的支援，配送是指通路，讓顧客滿足認為物超所值，才會營運成功。

四、營運創新

藉由溝通，民宿經營者觀念交流、產生創意，提高競爭力。因此每年民宿業者聚會，互相觀摩學習是優點，但彼此相抄襲則不是優點。

五、結合社區總體營造

民宿經營應與社區總體營造有關，隨著全球在地化，本土意識抬頭，結合濃郁的鄉土風俗民情，添加在地感情以促成產品行銷更佳。

六、創造顧客需求，用心對待每一位消費者

應了解消費者的需求，住進民宿有的想充分休息，有的想過鄉土生活，因此了解消費者需求才可做到盡善盡美，創造佳績。

七、永續學習，敏銳觀察未來趨勢

民宿業者應有永續經營的決心，不斷求新知，了解社會變化，觀察市場的變化，不時求變求新，投資未來。

第九節　民宿行銷

　　臺灣的民宿至2011年共有3,200家，民宿除了民宿之間相互競爭之外，尚要與旅館業競爭，面臨競爭的情況下，民宿營運應有一套行銷系統。

　　行銷是經由創造、提供有價值的產品，將商品、服務、創意、定價、促銷等決策向消費者推廣，讓企業達成目標。行銷是重視顧客的需求和滿足，行銷活動可藉由個人或組織來執行，重視產品的服務，行銷活動涉及產品、定價及促銷。行銷需建立在令人滿意的交易、行銷應致力PRICE之概念，即需有計畫（Planning）、研究（Research）、執行（Implementation）、控制（Control）及評估（Evaluation）。

　　民宿業者經營時可結盟同業或異業共同合作，將民宿的優點透過網路或媒體有計畫的作宣導，最好配合政府政策執行過程來實施。例如觀光局作各地區民宿評鑑時，應爭取加入政府評鑑，當合格時政府給予合格民宿的標識，就是最好的機會。因為政府會加強宣傳，就可藉此機會嶄露品牌，政府給的認證標章是最佳的品牌認證。

　　行銷策略是為了滿足民宿市場的需要、定價及行銷所執行的規則，為了達到最大效益，必須運用各種行銷策略，一般分為產品策略（product strategy）、價格策略（price strategy）、通路策略（place strategy）、促銷策略（promotion strategy），此4大策略又稱為4P策略，現分述如下：

一、產品策略

　　餐旅產品分為核心產品、基本產品、期望產品、衍生產品及潛在產品，其中衍生產品是可增加民宿附加價值，潛在產品如服務就是潛在性，民宿業者所提供使消費者看得到、享受得到、心理感受到的產品稱之，即包括有形與無形的服務。有形的產品如民宿的硬件設施、環境、景觀、專車接送、有特色；無形的如預約訂房、提供民宿資訊、休憩活

動、解說服務、主人的接待。

二、價格

民宿與旅館經營不同，應有當地文化特色，要有人情味，但仍需考慮到成本，需考慮原料、物料、消耗品費用。考量成本才能永續經營，然而消費者對民宿認知的知覺價格也是業者定價時要考慮的，價格的擬訂有高價策略、中價策略、低價策略、同業結盟、異業結盟策略。價格常以同業價格作為訂價參考，淡季與旺季有不同價格，或以折扣價吸引消費者。

三、通路

民宿通路是指業者將民宿消息，利用不同管道將訊息傳達給消費者，21世紀資訊發達，可藉由網路行銷、書籍、旅遊業、地方農會、協會、當地旅客服務中心，採用整體促銷方式，將民宿消息移轉至消費者。

四、促銷

促銷分為廣告促銷、公共促銷、人員推銷及誘因的方式，利用報紙電視、廣播多媒體、旅遊雜誌、可作廣告促銷；參與公益、旅遊展覽可讓消費者認識；住過的客人是最好的推銷員，當消費者住過有好口碑，將會將民宿優點介紹給親朋好友；利用折價券、贈送贈品以各種誘因吸引消費者來民宿住宿。

第十節　民宿的行銷策略

21世紀人們的選擇更多樣化，民宿行銷觀念的建立極為重要，行銷是引導組織團體，確定其對象的慾望和需求，並提供競爭對手更有效率的服務，能更準確達成預訂的目標。

臺灣實施週休二日，使國人在國內旅遊機會增加，民宿與旅館不一樣的地方在於住於民宿可與民宿主人無拘無束生活，享受鄉土情懷，要讓大多數的民眾了解民宿的獨特性，行銷策略是相當重要的。

壹、民宿的市場區隔

民宿業的目標市場，其市場區隔分為：

一、地理區隔

指民宿坐落位置以東、西、南、北部，都市、鄉村、行政區或離島地區。

二、人口區隔

常到民宿消費的消費者，其基本資料如性別、年齡、家庭生命週期、所得、教育、職業、社會社經背景，均為重要的資料。

(一)性別

相關文獻指出民宿的遊客以男性居多（浦心蕙，民81；姜惠娟，民85，羅碧慧，民90；張嵐蘭，民91）。亦有研究顯示女性選擇民宿行為略高於男性（鄭智鴻，民90；楊永盛，民92，廖榮聰，民92；嚴如鈺，民92）。林威呈（民90）則發現遊客男女比例約各占一伴。

(二)年齡

浦心蕙（民81）發現遊客年齡以16-25歲最多。選擇民宿度假者，年齡結構分布以18-35歲的年輕族群居多，占了約7成（楊永盛，民92）。其他相關研究中顯示，遊客以青年至中年者居多（姜惠娟，民85；謝奇明，民89；鮑敦瑗，民89；林威呈，民90；鄭智鴻，民90；陳桓敦，民91；嚴如鈺，民92；廖榮聰，民92）。

(三)家庭類型

研究發現旅客之家庭結構以小家庭（核心家庭）最多，其次爲三代同堂（姜惠娟，民85；張嵐蘭，民91）。

(四)婚姻狀況

相關文獻發現旅客之婚姻狀況以已婚者居多（高崇倫，民88；謝奇明，民89；林威呈，民90，鄭智鴻，民90；陳桓敦，民91）。其他相關調查發現民宿旅客多爲單身未婚者（姜惠娟，民85，林于稜，民92；廖榮聰，民92；嚴如鈺，民92）。

(五)教育程度

教育程度以高中／高職爲最多，大學／大專次之（浦心蕙，民81；羅碧慧，民90；鄭智鴻，民90；林威呈，民90；張嵐蘭，民91）。另有研究發現教育程度以大學、大專爲最多，高中、高職次之（姜惠娟，民85；謝奇明，民89；陳桓敦，民91；林于稜，民92；楊永盛，民92；廖榮聰，民92；嚴如鈺，民92）。顯示民宿旅客具有較好的教育程度，與Alastrair et al（1996）之研究相符。

(六)職業

相關研究顯示遊客的職業以工商業、軍公教人員、服務業及學生爲主（浦心蕙，民81；高崇倫，民8；鮑敦瑗，民89；羅碧慧，民90；鄭智鴻，民90；林威呈，民90；張嵐蘭，民91；嚴如鈺，民92）。與Alastrair et al（1996）之研究相符，即民宿旅客的工作大多從事經營、專業、管理的角色。

(七)家庭平均月收入

全家平均月收入樣本以8萬－11萬元的旅客爲最多（鮑敦瑗，民89）。全家每月平均收入方面，以7萬－10萬元和10萬－13萬元居多（謝奇明，民89）。家庭收入之分配相當平均，收入從4萬元到15萬元之間之各組約各占20%（林威呈，民90）。

(八)居住地區

研究顯示，遊客來源以北部爲最多，中南部（嘉、南、高、屏）及

東部縣市的遊客卻很少（姜惠娟，民85；嚴如鈺，民92；楊永盛，民92；廖榮聰，民92）。

三、心理變項

消費者到民宿消費是存著何種心態，如以觀光、休閒、享受料理、欣賞古蹟或探險為心理需求。

鄭智鴻（民90）針對北臺灣休閒農場的研究指出，遊客重視「提供自然步道、親近自然」、「優美地形資源」、「交通便利」與「提供詳盡的旅遊資訊」等項，顯示遊客相當重視休閒農場應當擁有自然的環境資源，旅遊的便利性亦是另一重要屬性。

而楊永盛（民92）在宜蘭民宿評價研究中發現，遊客選擇民宿以民宿的「環境優美」、「主人親切」及「價格合理」、「鄰近風景區」為主要原因，顯示民宿之特色條件需有別於其他旅館之住宿設施。

徐韻淑、黃韶顏、倪維亞（2004）所作屏東及宜蘭地區民宿旅客特性及重視因素之研究中，將屏東及宜蘭縣兩地區遊客基本資料與民宿消費動機進行交叉分析，在顯著水準 α 為0.05下，兩地區在部分消費動機有顯著差異，茲將說明如下：

(一)在性別方面

男性較不同意民宿消費動機是為了「增廣見聞、充實知識」，女性持較為贊同之態度。投宿民宿動機是「受家人及朋友之邀」，男性與女性皆抱持否定的態度。

(二)在年齡方面

年齡在26-35歲遊客較為同意投宿民宿動機為「參與民俗活動」，其他年齡層則多保持中立或同意之態度。在「良好的投宿經驗」上，大多數遊客皆表示贊同。

(三)在家庭類型方面

大家庭、夫妻兩人、獨自居住者較不同意投宿民宿動機為「住宿便宜」，小家庭者則多表示贊同之態度。在民宿投宿動機為「自我肯

定」上，小家庭與獨自居住者較為認同，其他家庭型態者則否。

㈣在婚姻狀況方面

表示民宿消費動機為「慕名而來者」多為未婚者，已婚者多持否認態度。表示是為了「增加家庭情感與樂趣」者多為已婚者。

㈤在子女狀況方面

表示「因為有良好投宿經驗」而前來民宿消費，尚未有子女者較為贊同，而以最小子女已滿18歲仍未獨立者表示較不認同。在「自我肯定」消費動機上，除了尚未有子女者較多表示不認同外，其他皆表示同意。

㈥在教育程度方面

在「拜訪當地親友者」、「自我肯定」消費動機上，均多表示不同意之態度。

㈦在平均收入方面

在「增廣見聞充實知識」消費動機上，除了收入在3萬元以下者較不同意外，其他收入階層者均表示贊同之態度。

㈧在居住地區方面

在「跳脫例行性事務與責任」消費動機上，北部及南部較多遊客表示同意，中部地區遊客較不同意。在「受家人及朋友之邀」動機上，北部與中部地區遊客呈現兩極化反應，同意與不同意者約各占一半，南部地區遊客較多表示同意。

將兩地區與民宿消費現況進行交叉分析，其結果如下文所示。由下文可知，在顯著水準 α 為0.05下，兩地區在是否事先預約、遊程天數、住宿日期、房間大小、建築形成、最適房間數量、願意支付之住宿費用及投宿地點有顯著差異。

㈠在事先預約方面

屏東地區民宿的旅客有較高預約的比例（92.6%），宜蘭地區民宿旅客有預約習慣的比例（86.7%）較低。

㈡在遊程天數方面

　　屏東地區的民宿旅客較多為待3天2夜（46.6%），宜蘭地區的民宿旅客較多待2天1夜（61.7%）。

㈢在住宿日期方面

　　屏東地區的旅客多數為星期一至星期四（39.1%），宜蘭地區的旅客多數則為星期六（54.2%）。

㈣在房間大小方面

　　屏東（60.2%）和宜蘭地區（40.8%）的民宿旅客多住3-4人房，但屏東地區民宿的旅客所占的比例更高。

㈤在建築形式方面

　　屏東（53.4%）和宜蘭地區（32.5%）的民宿旅客多住小木屋，而屏東地區的旅客所占的比例更高。

㈥在最適房間數量方面

　　屏東地區的旅客多數認為6-10間及11-15間為最適房間數量（84.2%），宜蘭地區的旅客則多數認為5間以下及6-10間為最適房間數量（86.7%）。

㈦在願意支付之住宿費用方面

　　屏東地區的民宿旅客多數願意支付的費用在801-1,200元之間（36.8%），宜蘭地區的民宿旅客多數願意支付的費用在401-800元之間（52.5%）。

兩地區之民宿重視因素

　　接下來針對屏東及宜蘭縣有較多之民宿旅客加以比較，將兩地區與民宿重視因素進行交叉分析，其結果如下所示，在顯著水準 α 為0.05下，兩地區在提供產品代購與交通接駁、午、晚餐的提供及安排、住宿環境清潔衛生、餐飲衛生清潔、餐飲價格、紀念品及特產價格有顯著差異。

　　在提供產品代購與交通接駁方面，屏東地區的民宿旅客較多人認為

重要（42.5%），宜蘭地區則較多持中立意見（36.7%）。

在午、晚餐的提供及安排方面，屏東地區的民宿旅客較多人認為重要（41.3%），宜蘭地區則較多持中立意見（35%）。

在住宿環境清潔衛生方面，兩地區的民宿旅客皆認為非常重要（屏東占61.7%，宜蘭占75%）。

在餐飲衛生清潔方面，宜蘭地區的民宿旅客認為非常重要（64.2%），所占的比例遠比屏東地區（49.6%）高很多，顯示宜蘭地區的民宿旅客更加重視餐飲衛生清潔。

在餐飲價格方面，屏東地區的民宿旅客多數認為重要（47.4%），而宜蘭地區的民宿旅客多數認為非常重要（42.5%），顯示宜蘭地區的民宿旅客更加重視餐飲價格，原因在於屏東地區民宿附近有許多提供飲食的場所，遊客可至民宿外用餐，故在餐飲方面不若宜蘭重視。

在紀念品及特產價格方面，屏東地區的民宿旅客多數持中立意見（51.9%），顯示屏東地區的民宿旅客對此方面的所持的意見還好，並無特別重視。

研究結論

（一）在屏東及宜蘭縣遊客特性與消費動機方面

屏東及宜蘭兩縣性別分布平均；年齡層以青壯年為主；家庭類型以小家庭（夫婦有小孩）居多，已婚及未婚者約各占一半；尚未有子女者比率最高；學歷以大專／大學為主；職業多選其他，其次為中小學教師、律師、會計師、公司負責人等職業；遊客多自北部來訪；屏東縣遊客平均收入以3-5萬者居多，宜蘭縣遊客平均收入分部於3-9萬元之間。

兩地區主要消費動機為「增廣見聞，充實知識」、「受家人及朋友之邀」、「參與民俗活動」、「良好的投宿經驗」、「住宿便宜」、「自我肯定」、「慕名而來者」、「增加家庭情感與樂趣」、「跳脫例行性事務與責任」。

(二)在宜蘭及屏東縣遊客民宿消費現況方面

屏東地區的預約比例高於宜蘭縣；停留天數屏東縣多為3天2夜，宜蘭縣多為2天1夜。住宿時間屏東縣多為週一至週四，宜蘭為星期六。在房間大小方面，屏東和宜蘭地區的民宿旅客多住3-4人房，屏東和宜蘭地區的民宿旅客多住小木屋；屏東地區的旅客多數認為6-10間及11-15間為最適房間數量，宜蘭地區的旅客則多數認為5間以下及6-10間為最適房間數量。屏東地區的民宿旅客多數願意支付的費用在801-1,200元之間，宜蘭地區的民宿旅客多數願意支付的費用在401-800元之間。

(三)在宜蘭及屏東縣遊客民宿重視因素方面

在「提供產品代購與交通接駁」、「午、晚餐的提供及安排」，屏東地區的民宿旅客較多人認為重要，宜蘭地區則較多持中立意見。宜蘭地區的民宿旅客較屏東地區的旅客更加重視「餐飲衛生清潔」與「餐飲價格」。屏東地區的民宿旅客對紀念品及特產價格並無特別重視。在住宿環境清潔衛生方面，兩地區的民宿旅客皆認為非常重要。

四、行為區隔

指民宿消費群對民宿的知識、態度、行為、生活型態、忠誠度等，了解民宿消費群的消費需求及消費趨勢是十分重要的。

民宿消費現況之相關研究依硬體設備、費用、服務、旅遊現況、行銷分述之：

(一)硬體

1.房間容納人數

楊永盛（民92）發現在民宿的房間容納人數上，以3-4人房住宿型態居多，其次為1-2人房。

2.期望民宿客房形式

姜惠娟（民85）指出遊客居住客房形式主要以通鋪及套房為主，

但在民宿客房類型期望方面，大多數旅客選擇套房，其次為家庭隔間。

對民宿客房型式方面，主要以套房式為多，其次為家庭式（廖榮聰，民92）。嚴如鈺（民92）研究發現消費者最喜愛的房間型態是「獨棟小木屋」，其次是「套房式」的房間。楊永盛（民92）指出多數遊客民宿房間形式以「套房」為主。

3. 期望民宿建築形式

姜惠娟（民85）發現民宿旅客所期望的建築型態，以傳統三合院為最高，其次為小木屋。

4. 最適房間數量

姜惠娟（民85）發現，整體而言，房間平均數約為7間。

(二)費用

1. 願意支付之投宿費用

姜惠娟（民85）的研究指出，半數遊客居住的客房為每人每日約300元。廖榮聰（民92）發現投宿遊客認為最合理的住宿費用，以801-1,100元占最多，其次為501-800元，認為501-1,100元是民宿旅客最能接受的價位。嚴如鈺（民92）則發現消費者的住宿花費金額大多在1,000元以下。

2. 房價合理性

廖榮聰（民92）發現投宿旅客認為最合理的住宿費用（以每人每日計算），以801-1,100元占最多，嚴如鈺（民92）的研究中發現消費者認為的合理住宿費用應在1,000元以下（每人每晚）。

3. 投宿民宿價格

姜惠娟（民85）的研究指出消費者的住宿花費金額大多在1,000元以下。楊永盛（民92）發現遊客的民宿房價的平均花費上，以401-800元的人數居多。

(三)服務

1. 顧客抱怨處理滿意度：廖榮聰（民92）的研究指出，旅客對於抱

怨處理速度感到相當滿意。

2. 再度光臨之意願：嚴如鈺（民92）發現大部分的消費者選擇「會」再回流。楊永盛（民92）的研究亦顯示遊客對於再宿的意願相當高。

3. 推薦意願：楊永盛（民92）發現宜蘭地區的遊客對於推薦民宿的意願相當高。

(四)旅遊時程

1. 遊程天數

遊客停留時間最多以不超過1天為主（徐光輝，民86；羅碧慧，民90）。旅宿住宿停留的天數是2天1夜（姜惠娟，民85；高崇倫，民88；鮑敦瑗，民89；鄭智鴻，民90；楊永盛，民92；嚴如鈺，民92）。根據觀光局資料顯示，國內旅遊天數以當日來回者（占62.1%）居多；國內旅客平均每次旅遊天數為1.7天。與學者的研究結果相符。

2. 住宿日期

選擇民宿住宿者多集中在星期六，顯示受訪遊客選擇民宿住宿者多集中在週休二日的時段（嚴如鈺，民92）。

3. 住宿次數

遊客多為第一次到民宿住宿或旅遊（徐光輝，民86；羅碧慧，民90）。旅遊住宿經驗次數以第一次為主（姜惠娟，民85；高崇倫，民88；鮑敦瑗，民89；鄭智鴻，民90；楊永盛，民92；嚴如鈺，民92）。

4. 民宿旅遊月分

觀光局於民國90年之統計顯示，國內旅遊以1月之10.6%，12月（10.6%），8月（9.6%），6月（9.4%）及4月（9.2%）較多。

(五)行銷

1. 旅遊同伴

根據徐光輝（民86）與林于稜（民92）之研究發現，遊客多與

「家人或親戚」一同共遊爲主。遊伴對象多爲朋友、同學或同事等親朋好友相約出遊者爲主（姜惠娟，民85：廖榮聰，民92：嚴如鈺，民92）。

2. 資訊來源

消費者主要住宿資訊來源，以經由「親友介紹（口碑）」者所占比率最高，其次爲「團體主辦人帶領」而得知，或由「宣傳媒體、資料」中得知（姜惠娟，民85；徐光輝，民86；謝仁慧，民88；高崇倫，民88；鮑敦瑗，民89；，羅碧慧，民90；鄭智鴻，民90；林于稜，民92；楊永盛，民92）。廖榮聰（民92）指出資訊來源以親友介紹爲主，其次爲前住宿經驗。另有研究發現消費者以「旅遊雜誌」當作資訊來源，其次才是「親友介紹」（嚴如鈺，民92）。遊客的資訊來源偏向從專業導覽的管道進行收集，而又以透過旅遊導覽書籍來收集資訊的同意度最高，透過網路的方式次之（張嵐蘭，民91）。根據「中華民國90年國人旅遊狀況調查摘要」的資料顯示，以電腦網路較88年增加5.7%之成長幅度最大，利用平面媒體資訊則均較88年下滑。證明隨著科技的進步，消費者會選擇更直接快速的搜尋方式獲得資訊。

3. 選擇之民宿類型

廖榮聰（民92）指出旅客最喜愛的住宿風格，以外國建築爲最多，其次爲小木屋。

4. 預約民宿

姜惠娟（民85）與廖榮聰（民92）研究指出，大多數的旅客會先行預約民宿，主要是因爲民宿的規模都不大，且經營者大多要求旅客事先預約。

5. 投宿地點決定權

投宿決策者多爲「大家商量後，共同決定」，其次爲「經由團體安排」（姜惠娟，民85）。廖榮聰（民92）則發現投宿決定權以自己決定爲多，其次爲大家共同決定。

貳、民宿業的產品策略

民宿的產品其分類與特性如下：

一、核心產品

指民宿的產品可提供給消費者的，如能體驗農村風味、能享受到都市生活無法體驗到的鄉間生活樂趣、能在沙灘找尋童年的回憶等。

二、有形產品

民宿的建築風格、內部設施、硬體設備裝潢設計均為有形的產品。

三、附屬產品

民宿的教育、導覽、解說、簽帳方式均為附屬的產品。

參、民宿的通路

一、傳統式通路

傳統式通路各企業自行發展，企業間惡性競爭，沒有整合。

二、水平性整合

相同性質民宿2家或2家以上結合；不同性質的民宿作互補式聯盟。

三、垂直性整合

由生產到銷售之整合，如茶農、果農將生產的產品送到民宿銷售，另可採用合約式的垂直整合，與生產者如果農、茶農、養殖業及下游租車業、餐廳、溫泉業合作，作向下游的整合。

肆、民宿的價格策略

經研究顯示，消費者住宿1夜的價格以800-1,200元為一般需求價格。然而業者在擬訂民宿價格時可採用下列方式：

一、高價策略

以豪華裝潢、高級享受與服務，收費高，吸取金字塔頂端的顧客。

二、低價策略

以低價收費，廣收消費者。

三、折扣價格

以打折的方式來收取費用。

四、領導價格

在區域中找出價格。

五、追隨價格

隨市場變化收費。

六、單一價格

收費為固定價格。

七、彈性價格

依不同對象收取費用。

伍、民宿的推廣

民宿推廣可藉由廣告、人員推銷、促銷活動或公共關係來作民宿的

推廣。

一、廣告方面

可藉由產品廣告、非產品廣告及廣告媒體，如報紙、雜誌、夾報、目錄、小冊、電視、電影、多媒體、網路行銷、錄影帶、招牌、燈箱廣告、車箱廣告，其中網路行銷乃利用電腦網路進行民宿推廣、配銷及服務。

二、人員推銷

由內部、外部銷售人員、電話行銷、團體銷售來作人員推銷。

三、促銷活動

可用折價券、贈品、現金折扣、特價品、抽獎等活動來促銷。

四、公共關係

由社區公關、公司行號、學校公關、政府活動、愛心活動、社會參與回饋活動來作公共關係。

民宿的興起在於它的經營方式與旅館不同，住宿者可與業者面對面閒談，甚而無拘無束共享餐食，分享業者自釀古早味的醬菜，回程還可分享民宿業者自己種的菜，這些均是滿懷人情味的事。

行銷在21世紀是很重要的，它必須滿足消費者的需求，已從生產為重，轉變為產品品質為重，現已由行銷觀念，轉變為社會行銷觀念，即同時顧及消費利益與社會福利。

林玥秀（2005）以花東地區作研究，調查結果顯示民宿優於旅館的有經營成本低，建築風格特殊、投資較少、度假氣氛佳、與顧客互動高、能結合當地文化、可選擇客人、導覽解說服務品質好，客房清潔較有保障。東部民宿行銷推廣作風，她的調查結果顯示如下：

一、多舉辦符合當地特色的大型活動

由縣市政府依地區的人文景點，結合季節性的活動，辦理有系統的活動吸引人潮，多舉辦一鄉一特色的活動，如花蓮縣府規劃1月為油菜花季、2月石藝大街、3月螢火蟲季、4月曼波魚季、5月感恩文化季、6月國際泛舟賽、7月原住民文化季、8月金針花季、9月素食展、10月石雕、11月國際馬拉松、12月鯨豚共舞，應告知民宿業者。

二、縣市政府整體規劃

由縣市政府以當地特色印製當地旅遊活動資訊加強宣導，並分發至民宿，建立民宿與當地旅遊資訊平臺，將作好的宣傳品放車站、機場，作成對外的行銷管道。

三、結合當地特產，給予住宿客人方便

臺灣物產豐富，各地特產亦不同，不同地區來的住宿客人亦想買當地的特色，民宿業者可結盟當地農民販賣有機農產品，或由當地田媽媽所作的食品加工伴手禮，甚而由田媽媽製作道地的鄉土料理提供給住宿者品嚐。

四、自設網站

由林玥秀（2005）臺東、花蓮地區民宿加入付費網站占48%，自設網站的比例占40.1%，可見民宿業者已有資訊傳播的概念，但網站中民宿的建置應與實物一致，否則會引發消費糾紛。

五、廣告

路邊廣告招牌的建置對民宿行銷亦是重要的一環，可成為遊客進入觀光點找尋住宿的重要資訊。

六、刊登自助行銷廣告於雜誌中

有專門作民宿廣告的雜誌，定期將合法民宿依業者需求刊登於雜誌中，想至民宿住宿者就會依雜誌介紹尋找住宿環境。

七、其他

由於21世紀進入資訊時代，民宿的宣傳用平面媒體的機會較少，電話簿、報紙、廣播、電子報較少被讀者接受，因此行銷手法是有創意的，民宿亦可裝潢美輪美奐，適合新婚夫婦，新夫婦不受打擾住宿之用，應有主題才能吸收目標市場的客層。

第十一節　建一間符合綠色環保的民宿

地球人口已超過60億，人類足跡遍地，地球動植物及自然山川水流為之劇變，綠建築政策的推動可降低人為建設對原始生態的破壞，更可創造出優質的生活環境與空間。民宿業者應認識綠建築的重要性，實際有效的執行綠建行動方案，做一個聰明業者，盡量減少室內裝修，盡量採用綠色建材，多採用太陽光，要求通風及低汙染，有正確的觀念與作法，減少空氣汙染，降低對生態環境的衝擊。

綠色建築有9大評估指標，如下表所示：

表4-4　綠色建築評估表

範疇	指標	說明
生態	生物多樣性指標	包括社區綠網系統、表土保存技術、生態水池、生態水域、生態邊坡／生態圍籬設計和多孔隙環境
	綠化量指標	包括生態綠化、牆面綠化、牆面綠化澆灌、人工地盤綠化技術、綠化防排水技術和綠化防風技術
	基地保水指標	包括透水鋪面、景觀貯留滲透水池、貯留滲透空地、滲透井與滲透管、人工地盤貯留

範疇	指標	說明
節能	日常節能指標	1. 相關技術：建築配置節能、適當的開口率、外遮陽、開口部玻璃、開口部隔熱與氣密性、外殼構造及材料、屋頂構造與材料、帷幕牆 2. 風向與氣流之運用：包括善用地形風、季風通風配置、善用中庭風、善用植栽控制氣流、開窗通風性能、大樓風的防治、風力通風的設計、浮力通風設計、通風塔在建築上的運用 3. 空調與冷卻系統之運用：包括空調分區、風扇空調並用系統、大空間分層空調、空調回風排熱、吸收式冷凍機及熱源臺數控制、儲冷槽系統、VAV空調系統、VRV空調系統、VWV空調系統、全熱交換系統、CO_2濃度外氣控制系統與外氣冷房系統 4. 能源與光源之管理運用：包括建築能源管理系統、照明光源、照明方式、間接光與均齊度照明、照明開關控制、開窗面導光、屋頂導光與善用戶外式簾幕 5. 太陽能之運用：包括太陽能熱水系統與太陽能電池
減廢	二氧化碳減量指標	包括簡樸的建築造型與室內裝修、合理的結構系統、結構輕量化與木構造
	廢棄物減量指標	再生建材利用、土方平衡、營建自動化、乾式隔間、整體衛浴、營建空氣汙染防制
健康	水資源指標	包括省水器材、中水利用計畫、雨水再利用與植栽澆灌節水
	污水垃圾改善指標	包括雨污水分流、垃圾集中場改善、生態濕地污水處理與廚餘堆肥
	室內環保指標	包括室內汙染控制、室內空氣淨化設備、生態塗料與生態接著劑、生態建材、預防壁體結露、地面與地下室防潮、調濕材料、噪音防制與振動音防制

　　綠建築有4大範疇即生態、節能、減廢、健康，共有9大指標即生態範疇中有生物多樣性指標、綠化量指標、基地保水指標；節能範疇有日常節能指標；減廢範疇包括二氧化碳減量指標與廢棄物減量指標；健康範疇包括水資源指標、汙水垃圾改善指標與室內環境指標，因此綠建築

可定義為「生態、節能、減廢、健康的建築」。

　　生物多樣性指標是在土壤、綠地、道路等外部環境創造多樣化的生物生存條件，鼓勵生態化的池塘、水池創造高密度的水域，以多孔隙環境及不受人為干擾的多層次綠化，來創造多樣化的小生物棲地，營造多樣化的綠地環境。創造生物共生的環境綠化量指標是指應鼓勵多種植物，喬木可吸收二氧化碳的量為灌木的4倍，因此民宿應多種植喬木。

　　基地保水指標即讓地面如車道、步道用人工花圃的方法來促進其透水功能，促進環境生態水循環、種植草皮、增加土地的保水能力，使土壤濕潤，增加微生物的生活空間。

　　日常節能指標是指綠建築要讓建築物有適當的開口，有充足的陰影，通風設計以節約能源的建材、照明，節省空調的設計，如嘉義市二二八紀念館利用山坡地在覆土下的雙層牆與雙層屋頂串連通風設計，具通風、除濕的設計。

　　二氧化碳減量即在建材設計減少建材的使用量，符合合理化，建築輕量化，使用純鋼骨的結構有利於環保。廢棄物減量指標即減少使用、重複使用及回收再循環使用，利用舊建材來蓋房子，廢輪胎來作環境美化，將磚瓦、玻璃、木材、塑膠再重複利用。

　　水資源指標包括省水、雨水再利用，如利用省水設計的馬桶，馬桶有省水設計，存放雨水利用來灌溉。

　　污水垃圾改善指標即利用人工濕地中水生植物吸收污水，利用植物如蘆葦、燈芯草來達到淨化水質的功能，落實垃圾分類與回收，並將廚餘作成堆肥。

　　室內環境指標即室內使用天然素材如木頭、石塊、磚瓦、或用木材、竹蓆、籐器，少用含有各種揮發性的有機汙染物。地面與地下室防潮、防噪音、採用通風，防止對人體有害的汙染物。

第十二節　綠色民宿

全球氣候異常，冰山融化造成環境變遷，2012年馬爾地夫已將被淹沒成為消失的國度，原因是大量排放二氧化碳所導致環境危害。環保意識崛起，民宿產業有多數人響應環保措施，將友善環境的概念落實到民宿的經營。綠色民宿即民宿專人具有環保永續經營的概念，將民宿配合當地的自然景觀、人文風俗，運用太陽能或水力發電，使用節能之材料，使用當地的食材，提供遊客住宿的永續生活環境。

環保署評鑑環保標章的住宿業有7大項目，即企業的環境管理、節能措施、節水措施、綠色採購、產品與廢棄物減量、危害性物質管理、實施垃圾分類與資源回收，民宿符合綠色民宿基本上應以採行節能省水、減少固體廢棄物及使用綠色能源，現依序說明。

一、節約水資源

民宿使用省水水龍頭或二段式省水馬桶將可減少浪費水資源。

二、減少固體廢棄物

民宿提供可重覆使用的餐具，可節省固體廢棄物，餐廳內之牛奶、奶精、糖以小瓶罐盛裝，客房內提供液體擠壓式的洗髮精、沐浴乳為環保方式、設計菜單時將每人分量算好，不宜過量，採用當地新鮮食材，才不會造成廚餘量太多。

三、節約能源

客房中採用省電燈泡，白天不開燈，冷氣設定在26-28℃，牆壁採用較淡的乳白色或淺色，隨手關燈及冷氣。

第十三節　導覽解說

　　民宿坐落地點四周文化建置要有特色，民宿主人才可精心規劃旅遊行程。一個優質的旅遊行程將會提昇消費者對旅遊行程的信心，增加遊客來民宿的住宿率，民宿業者也需學會作好的導覽解說。作導覽解說時應注意下列事項：

一、導覽解說員應有寬廣的視野，具備各種專業知識，多閱讀吸收新知。

二、了解民宿的地理位置，歷史背景、文化建設，對民宿所在的地理位置之優勢，四周的文化建設及歷史典故應有所了解，才能將自己的民宿建置與當地的文化、歷史背景相契合，作導覽時解說的題材能和遊客的生活相結合。

三、由遊客的社經背景了解需求，才能作好合適主題的導覽。

　　一個人的社經背景包括其職業、學歷、收入，不同社經背景想要學習的事物有所差異，因此當遊客投宿之前的基本資料應作好了解，才能作出符合其需求的解說方案。

四、解說應像說故事一樣生動

　　一件生活的小事，可能對外來的遊客而言在其生活中未曾涉獵，當您講解時，不同文化對他是一件從未聽過的事，因此解說人員如能像說故事一樣生動介紹時，會讓有興趣者互動並參與其中。如民宿主人在山區住宿處設計了螢火蟲生態區，將螢火蟲的生活能作詳細的介紹，對不懂的人可引發興趣。在花蓮一間民宿是舊豬舍改成的民宿，當主人介紹養豬的辛苦及豬舍改裝成民宿的過程，以及讓遊客體驗在豬舍的生活，讓遊客別有一番滋味。

五、應作全方位的解說員

　　解說員應作全方位的解說，如以薰衣草爲主題的民宿，應將薰衣草的優點、種類及生長背景作全方位的解說，並以薰衣草爲主的產品如薰衣草茶，薰衣草餅乾、薰衣草浴衣、肥皂、圍裙，甚而在住宿

環境中布置了薰衣草，作相關聯性的解說。如到臺灣原住民部落，部落中每一樣東西對外地來的人均是新鮮的，有些建築是有禁忌的，也需一併說清楚，才不會導致遊客犯禁忌而不知情，反而有不好的旅遊經驗。

六、針對不同的年齡層應設計不同的解說題材與內容

由於年齡不同，住宿的客人大多攜家帶眷，對幼兒可設計都市中看不到的生態，如青蛙的成長、蝴蝶的蛻變；對上年紀的老人可看一些茶的採摘、咖啡豆的摘取、製作及沖泡；青少年可作單車或健行古蹟，甚而設計營火烤肉。

七、有歷史的古老城鎮，應讓歷史重現

有歷史的古老城鎮如鹿港，它本身的建築就有歷史的歲月，如摸乳巷，就是因其巷道太小而有此名稱，將巷道打通就不具意義；如造鎮時，將古老建築外設現代的燈光，則使古老建築頓時喪失其風格。

八、利用資訊設備來作解說

當住宿客人晚間聚會時，民宿主人可用自己拍照的社區人、事、物來介紹當地的文物、特色。現在科技發達，可用數位媒體來作拍攝與播放，使住宿的人了解當地風景文物。

九、每次介紹應精心設計

讓來的遊客被您的真誠感動。

第十四節　民宿業者對民宿評鑑指標之看法

行政院農委會前主委李金龍（2002）指出臺灣成為世界貿易組織的一員，政府為降低臺灣農業所受到的貿易衝擊，積極輔導農民利用現有農地及農業資源，將農業轉型成為服務型的休閒農業。民宿為提供旅客住宿外，應結合當地人文、自然景觀、生態、環境資源的活動，塑造符合人性化溫馨的休憩旅遊。

對於農村而言，民宿的發展是一種優質的轉型，從經濟的觀點來看，民宿的發展不但可以將觀光所產生的收入帶入地方，更可爲農民提供兼業收入；從環境觀點來看，民宿的發展有助於農村自然景觀之保存；從農業的發展來看，農村民宿活動的施行，非但可解決部分農業生產及運銷問題，其更可因直接銷售的交易方式提高農業生產之利潤。整體而言，民宿發展在改善整個農村之產業環境、實質環境、農民生活、環境生態上有著重大的意義（歐聖榮、姜惠娟，1997）。

對一個產業來說是一個非常重要的制度，必須要透過評鑑，才可以區分出一個產業的等級，也可以讓消費者在選擇的時候不再是盲目的猜疑或是道聽途說他人的意見，而是多了一個十分可靠的依據（蘇錦麗，2005）。黃政傑（2002）指出評鑑是客觀，可信的，是專業的判斷。交通部觀光局（2008）指出全台合法的民宿有2,435家，不合法的民宿常因其地理位置、經營規模、設施違反民宿法規，藉由評鑑可查覺現今民宿經營的問題。

一、各國民宿的起源與發展

(一)日本民宿的類別

日本民宿主要分爲洋式民宿（Pension）和農家民宿（Stay home on farm），洋式民宿業者均爲民間的，且經營者均是具有一技之長的白領階級轉業投資，並採取全年性專業經營。農家民宿則有公營、農民經營、農協經營、準公營及第三部門（公、民營單位合資）經營等5種形式，有正業專業經營，也有副業兼業經營，但主要賣點則在提供地方特色及體驗項目。

(二)美國民宿的類別

Lanier& Berman（1993）指出美國與民宿有關行業有寄宿家庭（homestay）、民宿（Bed and breakfasts）、民宿旅店（Bed and breakfast inn or lodge）、鄉村旅店（Country inn）

1.寄宿家庭：將家中多餘的房間租給有需要的遊客來貼補收入；僅

提供早餐；房間數在1-4間左右；大部分的客人都是透過訂房中心或口耳相傳而來投宿的。

2. 民宿：將住家與出租的房間劃分開，認為住宿的遊客與家人同等重要。該分收入並非經營者的主要收入，除提供早餐之外，有些在能力許可內會提供其他餐別，房間數在5-10間左右。

3. 民宿旅店：為短暫居留的遊客提供住宿的地方，具有商業經營許可證且為經營者提供主要收入來源，房間數大約在11-25間左右，除提供早餐之外，有些在能力許可內會提供其他餐別。

4. 鄉村旅店：類似民宿旅店，但擁有超過20間以上的房間數，如同一般旅館一樣提供三餐。

(三)德國民宿的類別

德國的民宿有4大類型，分別是單房式民宿、套房式民宿、公寓式民宿以及別墅式民宿，每一種民宿的類型如下（劉清雄2002）：

1. 單房式民宿：類似一般旅館住宿空間，僅有臥室一間及衛浴、電視等設備，一晚的住宿費用約為30馬克。

2. 套房式民宿：含有客廳、餐廳、廚房與衛浴，其客廳亦兼做臥室使用，面積一般約在15坪左右，一晚的住宿費用約為45馬克／人。

3. 公寓式民宿：這類民宿大多由古老的大穀倉或是農莊改建而成，每個樓層有幾戶家庭式民宿，室內設備幾乎與一般家庭沒兩樣。這類集合式民宿多附設有餐廳供應鄉村式飲食，也對外開放營業。這類民宿一間價格每晚約在60馬克／人。

4. 別墅式民宿：即將整棟花園別墅出租，包括庭院中的休閒設施如游泳池、鞦韆、沙坑等。這類民宿房間數目多，加上庭院寬敞，多出租給人數眾多的家庭，依據住房大小以及庭院設施的多寡來收費，約為70馬克／人。

(四)臺灣民宿的類別

陳墀吉、掌慶琳、談心怡（2001）將民宿的經營型態分成為生活體

驗型、遊憩活動型、特殊目的型。

張東友、陳昭郎（2002）則以宜蘭縣員山鄉地區的民宿業者為例，將民宿經營類型分為藝術體驗型、復古經營型、賞景度假型以及農村體驗型四類。

張彩芸（2002）在其論述臺灣的民宿旅遊時，將目前國內的民宿分為原住民部落民宿、農特產品及產區民宿、自然生態體驗民宿、藝術文化民宿及景觀特色民宿共5類。

二、學者認為民宿經營成功的要素

學者認為民宿經營的成功要素，吳明一（2002）指出民宿的形象、乾淨度、裝潢、供應特色餐。賴梧桐（2002）認為社區資源利用及文化塑造十分重要。陳智夫（2002）則認為民宿主人的主人的熱誠是十分重要的因素。由以上研究顯示民宿經營成功的因素除了環境、設備、服務、行銷之外，社區文化的塑造與民宿主人的服務態度也是十分重要的。

三、消費者選擇民宿考量因素

Dawson and Brown（1988）認為人們選擇居住在民宿的原因有50%認為民宿的地理環境，41%認為主人待人親切有好的服務，36%認為享受住在民宿的經驗，21%享受民宿餐飲，15%認為價格便宜，10%認為廣告宣傳好，9%認為對民宿的歷史有特別的興趣，由客人口耳相傳是十分有效的。

四、民宿評鑑等第

由表4-5、表4-6、表4-7可見民宿在各國的等第及設備規範有所不同，如英國將民宿依設備規範分為登錄、1冠、2冠、3冠等4級（林秋雄2001）；謝旻成（1998）指出德國的民宿分為5星；法國將民宿分為4等級，分別為1支、2支、3支、4支麥穗來作為分級標準（鄒哲宗與劉秋棠2006）。

表4-5　英國民宿分級標準

評鑑等第	設備規範			
	寢室	浴室	廁所	其他
登錄 （Listed）	1.從內部可上鎖 2.充足的空間 3.床位達最低以上水準之大小 4.床墊舒適良好 5.寢具清潔，床單每日至少更換1次 6.床鋪每日整理清潔 7.備有清潔的毛巾、浴巾，洗臉臺有肥皂 8.通風良好，至少有一扇窗往外開閉，有不透明的窗簾以防窺視 9.毛毯有外襯，備有蓆子 10.化妝臺及鏡子，床邊有桌椅、非燃性菸灰缸、數個客用杯子 11.配合季節之空調（暖氣）	1.至少有1間浴室，並具備： —洗澡淋浴設備 —洗臉臺及鏡子 —電刮鬍刀插座 —香皂 2.平均每15人至少1間浴室 3.適當的暖氣設備 4.適當的熱水供應 5.洗澡及淋浴不另付費	1.平均12人至少1間廁所 2.衛生紙專用垃圾桶	1.提供早餐服務 2.有早餐用餐廳（如有提供床上用餐者不在此限） 3.浴廁及客用場所舒適方便，備有照明及開關 4.配合季節之暖氣 5.每日打掃清潔
1冠 （1-Crown）	1.較大的床鋪 2.非尼龍質床單 3.可更換式香皂 4.備有熱水之洗髮臺 5.床上可調節之	1.平均每10人至少1間浴室 2.至少有1間客人專用浴室 3.寢室到社交室及電視室不可	1.平均8人至少1間廁所 2.除浴室廁所外，另有1間客人專用廁所	1.有接待室及呼叫鈴設備 2.休息社交室備有舒適之座椅或安樂椅

評鑑等第	設備規範			
	寢室	浴室	廁所	其他
1冠 （1-Crown）	燈光 6.靠近洗臉臺之鏡子及燈光 7.13安培之電插座 8.電刮鬍刀之插座 9.每位客人1張座椅 10.暖氣設備 11.寢室客人可經常出入	供通行	3.寢室到社交室及電視室不可供通行	3.客人可自由出入休息社交室 4.可使用之電話 5.提供觀光資訊
2冠 （2-Crown）	1.床、桌上方均有電燈 2.單人床上方有電燈，雙人床可共同1燈 3.床、桌間有時鐘，床兩側有小桌子 4.鏡子邊有電刮鬍刀插座			1.休息社交室、餐廳及早餐室均有獨立空間 2.早餐有茶或咖啡 3.晚餐有茶或咖啡 4.休息社交室有彩色電視 5.行李搬運服務
3冠 （3-Crown）	1.至少1/3以上房間浴室附有淋浴及廁所 2.等身高之大鏡子 3.安樂椅一張 4.保險箱 5.個別暖氣，可自動或手動調節			1.除經營者外，有工作人員24小時應對服務 2.吧臺及電視室遠離休息社交室以維持安寧 3.客人利用場所均有暖氣設備 4.有鞋櫃 5.熨燙設備 6.吹風機 7.公共電話

表4-6　德國民宿分級標準

評鑑等第	設備規範	
等級	標準說明	類型
1星	1.提供能滿足使用機能的簡單設備，生活的必須設備必須發揮使用功能。 2.老舊的設備若能使用，也是被允許的。	單房式民宿類 公寓式民宿類 休閒式民宿類
2星	1.提供能滿足使用機能的簡單設備，生活的必須設備必須發揮使用功能。 2.達到基本生活需求的舒適度，所有設施在使用狀態下都能達到平均的品質。	單房式民宿類 公寓式民宿類 休閒式民宿類
3星	1.提供良好的室內設備，具有中度的舒適感。 2.裝修品質不錯，能滿足視覺上的愉悅。	公寓式民宿類 休閒式民宿類
4星	1.具有高品質的室內裝修，造型與質感均佳。 2.室內空間與公共設施品質優良。	單房式民宿類 公寓式民宿類
5星	1.除了民宿室內裝修外，其服務品質能夠滿足客人的額外要求，公共設施也需十分良好。 2.室內設備除了符合使用性外，需給人有寬敞大方之感受。 3.房屋各類水電機械都能發揮正常作用。 4.周圍環境良好，管理維護品質很高。	公寓式民宿類 休閒室民宿類

表4-7　法國民宿分級標準

評鑑等第	設備規範
等級	標準說明
1支麥穗	簡單的客房
2支麥穗	舒適的客房，每間房間至少有自用的淋浴室或浴室。
3支麥穗	非常舒適的房間，每間有獨自使用全套衛浴設備（淋浴、浴缸、洗臉臺和廁所）。
4支麥穗	極盡舒適的房間，每間都有單獨使用的全套衛浴設備，房子是在優美的環境，建築物與內部裝潢都具有特色，通常提供額外的服務。

五、民宿評鑑項目

　　臺灣尚無正式的民宿評鑑辦法，而學者劉清雄（2002）與簡玲玲（2005）則在其研究中提出民宿評鑑之參考指標，整理如表4-8：

表4-8　臺灣民宿評鑑項目

作者	年代	評鑑項目	評鑑內容
劉清雄	2002	建築特色、環境整合	1.建築物與當地環境配合，突顯特色、風格 2.功能規劃合理 3.乾淨、整齊狀況
		室內空間設計與設施	1.玄關 2.客房 3.空間 4.裝潢 5.家具 6.舒適度 7.衣櫃／儲物櫃 8.餐廳 9.廚房 10.客廳 11.衛浴 12.陽臺
		入口處	1.入口景觀意象（庭院／花園設施）
		服務	1.訂房 2.民宿主人親切接待狀況 3.提供旅遊導覽服務 4.提供當地旅遊資訊 5.中英文標示、說明
簡玲玲	2005	評鑑範圍（%）	評鑑項目（%）	評鑑內容
		基礎設施（40）	整體環境與景觀（35）	建築特色、室內外景觀環境維護
			住宿設施（25）	客房浴廁清潔、家具、家電照明、空氣流通、隱私性、舒適度

作者	年代	評鑑項目	評鑑內容	
簡玲玲	2005	基礎設施（40）	餐飲設施（10）	廚房衛生、炊具設備、餐飲設備
			安全維護（15）	消防設施、安全告示及措施、緊急事件處理
			交通便利性（10）	交通狀況、停車空間
			環保設施（5）	垃圾處理、廢棄物及廚餘之利用
		服務品質（35）	服務人員態度（60）	親切有禮貌、友善氣氛、尊重遊客特殊需求
			用餐品質（20）	用餐氣氛與餐飲品質、餐飲展現地方特色
			解說服務（10）	民宿介紹、周邊環境導覽解說
			旅遊諮詢與服務（10）	旅遊資訊提供、旅遊諮詢回應完整性、網站資訊取得之方便性
		資源特色（15）	周邊風景與視野（65）	當地整體景觀優美、具景觀特殊性
			休閒體驗活動（25）	休閒或體驗活動的提供、結合當地文化
			當地產業特色表現（10）	當地產業活動提供與推動、民宿使用當地產品
		社區連結（10）	與社區居民之互動（70）	社區居民可從與遊客互動獲利
			對社區生活品質之貢獻（30）	遊客對社區干擾程度之避免、民宿經營者對社區公共事務的參與、對社區回饋

資料來源：劉清雄（2002），民宿分級標準，農村民宿人才訓練班授課講義與簡玲玲（2005）民宿評鑑指標之研究。朝陽科技大學休閒事業碩士論文。

六、民宿業者評鑑指標重要性的評估

本研究民宿評鑑指標依表4-9因素分析，將其分為10個構面，再依據其構面分為2大架構，即民宿設施與民宿品質。民宿設施方面包含了軟體設施、旅遊資訊、硬體設施、餐飲設備以及環境設施；在民宿品質包括了文化產業、社區關係、住宿氣氛、住宿品質以及滿足需求。業者認為重要性，如表4-9所示，由表中各構面平均數可見民宿業者認為在民宿評鑑指標2大構面，民宿設施與民宿品質其平均得分分別為4.30以及4.28，可見業者認為此2大構面均很重要。整體而言，業者認為軟體設施最為重要，平均數為4.61，其次為住宿品質，平均數為4.52，住宿氣氛為4.37，其他依序為環境設施平均數為4.32，滿足需求平均數為4.27，旅遊資訊平均數為4.23，餐飲設備平均數為4.19，硬體設施以及社區關係的平均數均為4.17，文化產業最低，平均數只有4.08。

表4-9　業者對民宿評鑑指標重要性之評估

構面	變項	平均數	標準差	排序
民宿設施	軟體設施	4.61	0.40	1
	旅遊資訊	4.23	0.54	6
	硬體設施	4.17	0.47	8
	餐飲設備	4.19	0.54	7
	環境設施	4.32	0.51	4
	民宿設施總重要度	4.30	0.37	
民宿品質	文化產業	4.08	0.52	10
	社區關係	4.17	0.62	8
	住宿氣氛	4.37	0.45	3
	服務品質	4.52	0.49	2
	滿足需求	4.27	0.68	5
	民宿品質總重要度	4.28	0.38	
整體重要程度		4.29	0.35	

民宿業者對於評鑑指標重要性，本研究結果顯示，民宿設施與民宿品質兩者同樣重要，在民宿設施中以軟體設施最重要，其次為環境設施、旅遊資訊、餐飲設備、硬體設施；在民宿品質方面以服務品質最重要，其次依序為住宿氣氛、消費者需求滿足、社區關係及文化產業。

各國民宿開始的時間不一，英國在1960年開始以Bed & Breakfast（B&B）方式來招待客人；日本在1970年為投宿不方便的旅客提供住宿；美國則在1980年開始民宿的成長；臺灣交通部觀光局（2001）頒布了民宿管理辦法，在法規中指出，民宿除了提供旅客住宿外，還結合當地人文、景觀、生態、環境資源，臺灣民宿經營正式立法才7年的時間，業者認為，民宿經營的成功要素（吳明一（2002）、劉清雄（2002）、簡玲玲（2005）），民宿設施應建立在形象、乾淨、屋內裝潢與本研究業者民宿設施相符。

賴梧桐（2002），簡玲玲（2005）指出民宿業者應融入社區，參與社區事務，了解社區，善用社區資源，所作的建議與本研究中指出民宿品質社區關係的建置是重要的相符。

本研究中業者認為民宿品質中文化產業很重要，與陳智夫（2002）所認為民宿為創造文化產業形象相符，Lanier& Berman（1993）指出美國民宿業者認為網路應刊登出民宿照片，提供網路訂房，與本研究結果相符。

㈠民宿業者對於評鑑指標重要性的看法

民宿業者認為民宿設施與民宿品質同樣重要，在民宿設施方面以軟體設施最為重要，其次依序為環境設施、旅遊資訊、餐飲設備、硬體設施；在民宿品質方面以服務品質最重要，其次依序為住宿氣氛、滿足需求、社區關係以及文化產業。整體而言民宿業者認為軟體設施最重要，其次依序為服務品質、住宿氣氛、環境設施、滿足需求、旅遊資訊、餐飲設備、硬體設施、社區關係、文化產業。

㈡民宿業者對於民宿評鑑推行方式的看法

民宿業著認為民宿評鑑勢在必行，因為可以藉由民宿評鑑來提昇全

體民宿的水準，但是對於評鑑人員的篩選，業者們認爲評鑑人員應由民宿業者、專家及學者共同組成的評鑑團隊來進行，而評鑑的時間最好能夠在每年的1-3月來進行評鑑，之後將合格的民宿業者分爲3種等級。

由於目前國內對於民宿評鑑並沒有一套制定的標準，本研究的目的就是希望用客觀的態度探討民宿整體產業品質評估準則，制定出評鑑的指標，將來民宿就可以透過具有公信力的評鑑制度，在品質控管上有所規定，也可以讓民宿的發展更爲迅速、有效。且評鑑制度要是施行得當，將會是一個十分有利的行銷工具，讓消費者在選擇上有一個可靠的依據，並且可以改善國內的遊憩品質。以下是與民宿業者的討論內容及個人對評鑑提出建議：

(一)本研究之建議

1. 評鑑方式：根據本研究的結果顯示，大部分的民宿業者都覺得需要民宿評鑑，而依據此研究結果，建議能夠推動民宿經營者自發性參與評鑑的方式，這樣對於民宿評鑑中的各項要求，業者們都會盡力去達到，且業者們的配合度也能夠大大的提昇，在評鑑作業方面也不會遇到太多的問題。而且要是業者們能夠自發性的參與評鑑，也代表民宿評鑑獲得了民宿業者們的認同，而業者們也會時時自我檢視，提昇了休憩的品質。

2. 評鑑形式：根據本研究的結果顯示，民宿業者們對於評鑑的時間希望能夠在1-3月之間，而在與一些業者們的討論之中得知，業者們大多都偏向採用提前告知的方式來進行評鑑作業，但是根據一些相關評鑑如旅館評鑑之經營及業者訪談，建議採用不告知不定期的抽查的方式來進行，因爲提前告知的評鑑方式在操作上會遇到許多的困擾，例如人情壓力以及業者們刻意準備，這樣很難評鑑出一個民宿是否眞的合法。所以針對評鑑方式這方面，可能還是需要政府、業者以及家學的們共同會商之後，決定出一個三

方都能接受的方式。

3. 評鑑機制：民宿評鑑指標最主要的目的並非是用來控制民宿業者的一種手段，而是在於能夠幫助民宿業者提昇自我品質的機制，假使能夠建立出一套符合民宿評鑑標準與流程的模式，並且適時的修正不適當的地方，就能讓民宿經營者依照標準與流程自我評鑑，來提昇競爭優勢。

4. 評鑑前的行政處理：

⑴每年評鑑之前，需讓評鑑委員們評估評鑑的內容，共同評估評鑑內容是否適當或需要修改。

⑵每年評鑑之前，需要事前告知所有接受評鑑的民宿業者這次評鑑的內容是否有作更動。

⑶設計民宿評鑑標章

根據本研究結果顯示民宿業者們希望民宿等級可以分為3級，所以依據以上結果，建議依序分成優、良、可三種等級；總評分在90分或是90分以上的民宿為優，總評分在80-89分的民宿給為良，而總評分在70-79分的民宿為可。

5. 合法機制：目前臺灣雖然還是有許多的不合法民宿，但是有些民宿卻受限於政府頒布的法規上面，除了在土地使用上面無法符合政府的規範之外，其他方面均符合規範，建議政府可以配合其他相關單位進行篩選，選出違規情節輕微的業者，給予有條件的合法化，例如一段時間內必須改善違法的部分，要是能夠在時間內改善完成就給予合法資格，要是無法達到還是列為不合法，讓更多的業者也能有合法的機會。

中華民國全國商業總會
民宿服務品質認證申請書

　　親愛的申請人您好！在您向中華民國全國商業總會（以下簡稱本會）提出認證申請之前，請您務先詳閱本申請書及相關附件。當您填妥以下表格並提出申請後，所有條款均將構成雙方權利義務規範之一部分。

本欄申請民宿請勿填寫				
申請單位編號：	民宿編號：			
承辦之認證主管：	收件編號：			
	收件日期：	年	月	日
	審核日期：	年	月	日

申請審查與聯絡紀錄	
■申請審核記錄	■補正記錄
□資料齊全	通知補正日期：　　年　　月　　日
□資料不齊全	□已補正_____
□1.本申請書第_____項	□已補齊_____
□2.民宿登記證影本乙份	■審核結果
□3.民宿簡介（含基本資料表／房	通過審查日期：　　年　　月　　日
間狀況表）	駁回申請，原因：
□4.民宿自我評鑑表	□資格不符
□5.民宿管理作業程序	□未於限期內補正資料
□6.民宿基地外觀平面圖（照片）	□補正後資料仍不齊全

本人＿＿＿＿＿＿＿＿＿＿＿（民宿負責人姓名）代表

民宿全名		
		（中文）
		（英文）
民宿地址		郵遞區號：＿＿＿＿＿
		（中文）
		（英文）

向中華民國全國商業總會提出民宿服務品質認證申請，並同意接受　貴會權利義務規章，本單位指定＿＿＿＿＿＿＿為民宿主管，負監督本民宿遵守　貴會所訂規章之責。本單位授權民宿主管代表本單位就本申請案與　貴會進行評鑑事宜。

申請民宿印鑑	申請負責人簽章
	申請日期：　　年　　月　　日

民宿認證申請應檢附的資料

注意事項：申請書寄出前，請先逐項確認以下資料，並於□內打「✓」

一、主要資料（務必齊全）
1. □本申請書兩份（正本乙份，影本乙份，已加蓋民宿及負責人章）
2. □民宿登記證影本乙份
3. □民宿簡介（含基本資料/房間狀況表）
4. □民宿自我評鑑表
5. □民宿管理作業程序
6. □民宿基地外觀平面圖（照片）

二、其他參考資料
1. □媒體優良形象報導
2. □地方風味美食報導
3. □特殊文化、藝術創作記錄

請將填妥的申請書與檢附的書面資料，請以掛號郵寄至

中華民國全國商業總會民宿服務品質認證處

臺北市大安區106復興南路一段390號6樓

聯絡電話：02-27012671（代表號）　　傳真：02-27555493　　網址：www.roccoc.org.tw

臺灣民宿由觀光局委託民間機構負責，由民國101年－103年由中華民國全國商業總會來認證，先由民宿填報民宿基本資料、民宿房間狀況表、民宿自我評鑑表、民宿管理作業程序、民宿基地外觀平面圖，再由評鑑委員評審。

附表一：

民宿服務品質認證

民宿基本資料表

| 民宿名稱 | （中文） |
| | （英文） |

民宿地址	郵遞區號：_____	
		（中文）
		（英文）

登記證號		電話	
民宿經營者		傳真	
網址	http://		
民宿主管		行動電話	
職稱		E-Mail	
聯絡人		行動電話	
職稱		E-Mail	
區位	□ 非都市土地　　　□ 國家公園區 □ _____之都市土地　使用分區：_____ 用地類別：_____ 建物用途：□ 住宅　□ 農舍　□ 其他：_____		

外觀型式：_____
總 樓 層：共_____層　　總房間數：共_____間

啟 用 日 期：民國____年____月
最近裝修日期：民國____年____月

附表二：

民宿服務品質認證

民宿房間狀況表

經營客房資料	合計＿＿＿＿＿間　　總容納人數：＿＿＿＿＿＿＿人 客房總樓地板面積：＿＿＿＿＿＿＿＿＿＿＿平方公尺

位處樓層、面積、房型及房價：房價：最低＿＿＿＿＿元至最高＿＿＿＿＿元

第＿層＿號客房，＿＿m²，＿人房（□床、□通舖），平日＿＿間/人元，假日＿＿間/人元，□衛浴

第＿層＿號客房，＿＿m²，＿人房（□床、□通舖），平日＿＿間/人元，假日＿＿間/人元，□衛浴

第＿層＿號客房，＿＿m²，＿人房（□床、□通舖），平日＿＿間/人元，假日＿＿間/人元，□衛浴

第＿層＿號客房，＿＿m²，＿人房（□床、□通舖），平日＿＿間/人元，假日＿＿間/人元，□衛浴

第＿層＿號客房，＿＿m²，＿人房（□床、□通舖），平日＿＿間/人元，假日＿＿間/人元，□衛浴

第＿層＿號客房，＿＿m²，＿人房（□床、□通舖），平日＿＿間/人元，假日＿＿間/人元，□衛浴

第＿層＿號客房，＿＿m²，＿人房（□床、□通舖），平日＿＿間/人元，假日＿＿間/人元，□衛浴

第＿層＿號客房，＿＿m²，＿人房（□床、□通舖），平日＿＿間/人/元，假日＿＿間/人元，□衛浴

第＿層＿號客房，＿＿m²，＿人房（□床、□通舖），平日＿＿間/人/元，假日＿＿間/人元，□衛浴

第＿層＿號客房，＿＿m²，＿人房（□床、□通舖），平日＿＿間/人元，假日＿＿間/人元，□衛浴

第＿層＿號客房，＿＿m²，＿人房（□床、□通舖），平日＿＿間/人元，假日＿＿間/人元，□衛浴

第＿層＿號客房，＿＿m²，＿人房（□床、□通舖），平日＿＿間/人元，假日＿＿間/人元，□衛浴

第＿層＿號客房，＿＿m²，＿人房（□床、□通舖），平日＿＿間/人元，假日＿＿間/人元，□衛浴

第＿層＿號客房，＿＿m²，＿人房（□床、□通舖），平日＿＿間/人元，假日＿＿間/人元，□衛浴

第＿層＿號客房，＿＿m²，＿人房（□床、□通舖），平日＿＿間/人元，假日＿＿間/人元，□衛浴

第＿層＿號客房，＿＿m²，＿人房（□床、□通舖），平日＿＿間/人元，假日＿＿間/人元，□衛浴

經營特色	□鄉村體驗　□生態景觀　□地方文史　□農林漁業　□原住民特色 □其他＿＿＿＿＿＿＿＿＿
備註：	

民宿經營與管理

附表三：

民宿服務品質認證
民宿自我評鑑表

評鑑項目		摘要說明	
1.整體環境	建物外觀	配合環境營造的特色	☐不具特色 ☐具在地風格特色
	室外環境	配合建物呈現文化特質	☐木屋 ☐別墅 ☐農莊、鄉村
2.生態維護	垃圾分類	再生資源的利用創意植栽	☐有分類處理 ☐無分類處理 ☐有廚餘收集 ☐無廚餘收集
	廢水處理	污水處理循環再生使用	☐有灌溉使用 ☐無廢水處理
3.空間美感	生活美學	室內設計的創新協調	☐有主題設計 ☐無主題設計
	場所空間	視覺與裝璜美化美感	☐有主題設計 ☐無主題設計
4.休閒服務	深度體驗	建置體驗或學習空間	☐有規劃行程 ☐無規劃行程
	獨特活動	提供DIY體驗活動	☐有體驗活動 ☐無體驗活動
5.民宿主人	個人特質	分享理念或創意經營構想	☐專業經營 ☐非專業經營
	經營態度	合法執業與管理特色	☐專業經營 ☐非專業經營

備註：當「非、無」比率超過50%時，不予認證。

附表四：

民宿服務品質認證
民宿管理作業程序

（應包含內容如下說明）

一、民宿設施

　㈠廚房、烤肉等炊事設備：進食餐具、烹調鍋具、食物保鮮、儲餘回收、廚房環境排煙通風等安全衛生程度。

　㈡停車空間：停車、上、下車進出空間規劃、流暢程度。

　㈢緊急照明設施：室內、外，停車場緊急照明光源的、安全標示配置程度。

　㈣消防安全、醫療設施：醫療備品、消防設施維護，逃生動線標識、人員講習證照。

　㈤客房設備：視聽與網路、空調與照明、家具與衛浴、布巾與盥洗備品齊備程度。

二、顧客服務

　㈠訂、退房及取消服務：辦理住、退宿手續作業標準化程度；取消訂房或其他相關規定標準化。

　㈡諮詢服務：主人與房客互動、熟悉當地資源、特色、環境人文解說服務程度。

　㈢早、午、晚餐的安排：餐飲在地化或多元化程度。

　㈣交通、接駁服務：聯外道路、標示或提供住、退房接送服務程度。

　㈤當地活動安排：依資源特性提供鄰近景點資源資訊的安排、體驗活動設計、套裝行程規劃的程度。

三、環境維護

　㈠室內外美綠化造景：室內主題特色、室外綠化景觀塑造、兼具文化教育的程度。

㈡庭園環境景觀：立地環境與自然環境配合的程度。

㈢室內裝潢氣氛：空間規劃、動線設計、飾品擺設的視覺美學程度。

㈣環境視野風景：自然生態景觀與心靈、視覺享受的程度。

㈤建築外觀風格：外觀純樸自然；外觀及景觀融合設計；主題景觀庭園造景風格的。

四、民宿管理

㈠客房整理乾淨程度：視聽、照明、空調、家俱、窗帘等設備無塵程度；地板、牆壁、窗戶、衛浴清潔乾淨無異味程度。

㈡環境清潔衛生程度：公共區域、水質管理、垃圾處理、污廢水處理。

㈢規劃地方餐飲：餐飲主題設計、地方風味餐研發合作程度。

㈣民宿與資源簡介：提供在地文化、文史、收藏、景觀、生態等宣傳內容的程度。

㈤整體環境氣氛營造：民宿基地、建築外觀、主人風格、餐飲美食等創意、用心、貼心、親切的程度。

五、附件資料

㈠媒體優良形象報導

㈡地方風味美食報導

㈢特殊文化、藝術創作記錄

附表五：

民宿基地外觀平面圖

一、民宿地理／位置圖

二、民宿配置簡圖

三、民宿外觀照片（全景照）

臺灣民宿協會積極推動民宿國際認證，其指標為3S，即安全保障（safety & seciuty）、衛生安全（sanitation & cleanneso）及民宿精神（spirits of hoet），給予S.G.S.之認證標章。

3S民宿認證
評鑑準則綱要

　　經營民宿所須具備要素之最基本要求，必須全部符合才通過認證，認證目的為確保民宿之安全保障（Safety & Security）、衛生乾淨（Sanitation & Cleanness）、民宿精神（Spirits of Host）（SSS/Triple S）。民宿精神包含民宿主人與民宿風格兩個內涵，為SSS認證有別於其他認證的最主要特色。

A-安全保障

　　　　■投保責任保險有效契約之證明

　　　　■每間客房及樓梯間、走廊裝置具效能之緊急照明設備

　　　　■設置火警自動警報設備，或於每間客房內設置住宅用火災警報器

　　　　■配置滅火器兩具以上，分別固定放置於取用方便之明顯處所

　　　　■清楚完整的定期檢查之消防記錄

　　　　■有樓層建築物者，每層應至少配置一具以上具效能之滅火器

　　　　■有緊急避難逃生位置圖及指示標誌

　　　　■緊急出口在任何時間皆保持暢通

　　　　■定期測試警報器及檢視家庭型煙霧警報器電池

　　　　■所有的公共區域於夜間皆有充足的照明

　　　　■備有急救藥箱且配備齊全

　　　　■提供緊急聯絡資訊，包含民宿主人及鄰近的醫院、警局、消防單位

B-整體外觀及設施

　　　　■有清楚可見的入口及在入口附近置有標示民宿名稱的標誌

　　　　■在到達民宿前之重要路口設有前往民宿之指示標誌（以當地管理單位協助的指示牌排為評核依據）

■建築物、相關設施和建築附屬物皆保持完整乾淨且符合原有
　設置的用途

■通往建物之所有通道與台階是乾淨、安全、明亮的

■有足夠的車道及停車空間並設置指示標誌讓客人容易停車

■所有提供給客人的娛樂休閒設施都是在良好可用的狀態

C-資訊服務

■設置專屬網站或其他可讓客人查詢民宿網路資訊平台

■網站上或文宣品所提供之所有照片與實景具一致性

■提供專屬電子郵件或其他可與遊客聯繫之方式

■網路上可提供遊客完整的住宿規範說明（房價、取消訂房、
　特殊規定）

■可提供當地旅遊景點的手冊及資訊

■提供遊客申訴管道並可提供處理及回應

D-民宿精神

■民宿主人必須在客人入住和退房時在場，並給予歡迎

■民宿主人能帶領新的客人到他們的房間以及他們所使用的所
　有區域

■客人住宿期間，民宿主人能夠提供客人與其互動交流的機會

■能向客人說明所有關於住宿的必要資訊及所提供的服務

■民宿主人對於當地的文化、周圍景點有豐富的知識

■民宿主人對於自家民宿之經營富有足以與客人分享之理念與故事

■民宿主人樂於與客人分享民宿故事與生活經驗

E-餐飲

■可為客人提供早餐

■備有足夠的餐具供客人使用，並確保其是乾淨且未使用過的

■大小足夠的餐桌椅和足夠的通道空間

■用餐環境有充足的光線及良好的通風

■所有的冷藏食品必須有適當地包裝或覆蓋

■顧及客人特殊飲食需求（素食或其他）

■廚房或備餐區有充足的光線及良好的通風

F-環境衛生

■所有客人使用到的一般區域皆每日清理

■無雜草叢生或是閒置且無維護管制之空間或區域

■週遭環境整潔

■不論室內或室外皆有提供蚊蟲的防範控制措施

G-客房

■客房內無任何異味（如霉味、清潔劑、菸味、污水、寵物體味等）

■具備良好可用的通風設備（窗戶、氣窗、百葉窗、空調、風扇、排風扇等）

■在床及家俱周圍需有讓客人足夠活動可用的空間

■客房內有足夠的空間可放置並容納行李

■客房的門必須能夠完全開啓

■有充足的照明設備

■床必須保持良好可用的狀態並提供大小適中且足夠的寢具

■提供備用的枕頭、毛毯或棉被

■床單、被單與枕頭套等寢具，遊客使用過後皆更換清洗

■必須提供以下的家俱設備，並確保都在良好的使用狀態：

－可在客房內直接加熱使用的熱水器具

－衣櫃或垂掛衣服的空間有足夠的掛鉤或個人衣架

－杯具組

－足夠使用之任何形式的桌子

－足夠使用之任何形式的椅子

■必須能確保客人的安全與隱私，下列是必須具備的項目：

　　　　　　　—所有與戶外連通之各種型式的門、窗皆有堅固良好的鎖

　　　　　　　—所有與戶外連通之各種型式的門、窗如為透明者，皆具備
　　　　　　　　足以遮光的窗簾

　　　　　　　—良好的隔音（鄰房）

　　■所有家俱設備皆保持良好運作、乾淨並擺放整齊

　　■地板、牆壁、天花板皆保持良好狀態且乾淨整潔

H-衛浴

　　■使用沖水馬桶

　　■可放置個人盥洗用品及毛巾之適宜的平面處或櫃子

　　■具備良好的通風設備（窗戶、氣窗、百葉窗、空調、風扇、
　　　排風扇等）

　　■具備堅固良好的門鎖

　　■備有良好可用的吹風機

　　■沖水馬桶、洗手台或淋浴間之給水、排水皆暢通

　　■淋浴間和/或浴缸和洗臉盆使用塞子，且有熱和冷的自來水

　　■廁所內提供有蓋子的垃圾桶

　　■浴室之淋浴設施有浴簾或採乾濕分離

　　■如有窗戶，需具備不透明的玻璃、窗簾或百葉窗維護客人的隱
　　　私

　　■提供可獨立置放衣物的掛鉤或平台

　　■提供一面良好可用的鏡子

　　■可提供一條洗臉毛巾或手巾和至少一條浴巾供每位客人使用

　　■可提供肥皂、沐浴乳及洗髮乳

　　■浴室裡有足夠的地板空間

　　■備有足夠的熱水容量滿足客人合理的需求

　　■熱水器設備放置於室外

分析討論

　　民宿經營者應作調查，了解民宿主要消費客群，客群的人口背景如性別、年齡、家庭類型、婚姻狀況、教育程度、職業、每月家庭收入、居住地區、心理需求如來民宿的動機、生活型態、社經背景，來住宿之後的旅程天數、住房大小、喜歡何種建築的民宿及願意支付的住宿費用等。

　　現今社會網路資訊發達，應由網路作民宿的宣傳，然而有些不肖業者在網路提供的資訊與消費者實地去民宿消費時有很大的差異，引發了消費糾紛，民宿業者定期聚會相互觀摩提供良好資訊，不能因一粒老鼠屎壞了一鍋飯。社會的經濟狀況也會影響民宿的經營，業者應了解社會的財經狀況，以作為經營的參考。

延伸思考

1. 消費調查可在住宿者入宿之後就作調查，應作一份問卷隨時作調查，並分析作為民宿經營的改進。
2. 民宿經營如何創新，營造生機屬於重要的課題。

家圖書館出版品預行編目資料

宿經營與管理／黃韶顏，倪維亞，徐韻淑合
著. -- 二版. -- 臺北市：五南書出版股份
有限公司，2024.08
　面；　公分
ISBN 978-626-393-596-9（平裝）

1.民宿　2.旅館業管理

9.2　　　　　　　　　　113010799

1L77

民宿經營與管理

作　　　者 ─ 黃韶顏、徐韻淑、倪維亞

企劃主編 ─ 黃惠娟

責任編輯 ─ 魯曉玟

封面設計 ─ 姚孝慈

出 版 者 ─ 五南圖書出版股份有限公司

發 行 人 ─ 楊榮川

總 經 理 ─ 楊士清

總 編 輯 ─ 楊秀麗

地　　　址：106臺北市大安區和平東路二段339號4樓

電　　　話：(02)2705-5066　　傳　　真：(02)2706-6100

網　　　址：https://www.wunan.com.tw

電子郵件：wunan@wunan.com.tw

劃撥帳號：01068953

戶　　名：五南圖書出版股份有限公司

法律顧問　林勝安律師

出版日期　2013年9月初版一刷（共四刷）
　　　　　2024年8月二版一刷

定　　價　新臺幣300元

經典永恆·名著常在

五十週年的獻禮——經典名著文庫

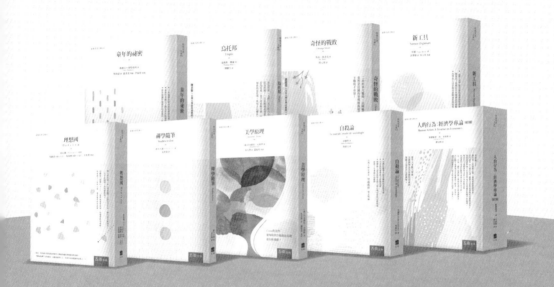

五南，五十年了，半個世紀，人生旅程的一大半，走過來了。

思索著，邁向百年的未來歷程，能為知識界、文化學術界作些什麼？

在速食文化的生態下，有什麼值得讓人雋永品味的？

歷代經典·當今名著，經過時間的洗禮，千錘百鍊，流傳至今，光芒耀人；

不僅使我們能領悟前人的智慧，同時也增深加廣我們思考的深度與視野。

我們決心投入巨資，有計畫的系統梳選，成立「經典名著文庫」，

希望收入古今中外思想性的、充滿睿智與獨見的經典、名著。

這是一項理想性的、永續性的巨大出版工程。

不在意讀者的眾寡，只考慮它的學術價值，力求完整展現先哲思想的軌跡；

為知識界開啟一片智慧之窗，營造一座百花綻放的世界文明公園，

任君遨遊、取菁吸蜜、嘉惠學子！